马银文◎编著

别等了，
想好了就豁出去

台海出版社

图书在版编目（CIP）数据

别等了，想好了就豁出去 / 马银文编著. — 北京：
台海出版社, 2012. 6
ISBN 978 - 7 - 80141 - 992 - 7

Ⅰ.①别… Ⅱ.①马… Ⅲ.①成功心理—通俗读物
Ⅳ.①B848.4-49

中国版本图书馆 CIP 数据核字 (2012) 第 101357 号

别等了，想好了就豁出去

编　　著：马银文

责任编辑：俞滟荣　　　　　　装帧设计：昇昇封面创意设计室
版式设计：姬刚成　　　　　　责任印制：蔡　旭

出版发行：台海出版社

地　　址：北京市景山东街 20 号，邮政编码：100009

电　　话：010－64041652（发行、邮购）

传　　真：010－84045799（总编室）

网　　址：http://www.taimeng.org.cn/thcbs/default.htm

E-mail：thcbs@126.com

经　　销：全国各地新华书店

印　　刷：三河市灵山装订厂

本书如有破损、缺页、装订错误，请与本社联系调换

开　本：710×1000　　1/16
字　数：220 千字　　　　　　印　张：19
版　次：2012 年 7 月第 1 版　印　次：2012 年 7 月第 1 次印刷
书　号：ISBN 978 - 7 - 80141 - 992 - 7

定　价：32.00 元

前　言

　　佛经里有这样一个故事：有两个和尚，一穷一富，都想去南海朝圣。富和尚很早就开始存钱，穷和尚却仅带着一瓶一钵就上路了。一年以后，穷和尚从南海朝圣回来，富和尚的准备工作还没完成。富和尚问："尔困，何你往南海？"穷和尚答："吾不往，则终日癫狂，行一步，则安一分。尔稳重，故尔在！"翻译成现代文是："我不去南海，就心里难受。我每走一步，就觉得距离南海近一点，心里就生一份安宁。你这个人个性稳重，不做没把握的事情，所以我回来了，你还没有出发。"

　　这个故事告诉我们，想好了的事情就要立刻去做。当一切都准备妥当的时候，机会可能已经错过了。想好了就豁出去，那么实现梦想的几率要大很多。同时，要有只问耕耘，不问收获的精神。既然我们已经上路了，那就没有后路可退。你抓住了春的播种，夏的耕耘，还会害怕得不到秋的收获吗？

　　这个世界上，人与人之间最大的差别就是选择的差别，只有那些不甘平庸、敢于豁出去的人才会成功。

　　拥有梦想，才会拥有未来。一个人如果失去了梦想，没有敢于豁出去的勇气，那么他的人生就犹如一口枯井，了无生趣。因此，你可以暂时没有成绩，暂时陷入困境，遭遇失败，但是，不可以在任何时候失去梦想，失去敢于豁出去的勇气。否则，你将会在滚滚红尘中迷失自己，找不到前进的方向，进而失去了存在的价值。那些拥有梦想、敢于用自

己的青春赌明天的人，当他经历一番风霜雪雨之后，最终定能闻到成功果实的芳香。

我们每个人来到世上，无不期盼生命灿烂如星河，光芒熠熠照亮整个夜空。那我们就要反思我们走过的人生之路，规划自己未来的人生之路。说到底，想好了就豁出去，意味着的是一种冒险。冒险就是拒绝中庸，拒绝稳妥。但是它能开创出一片新的天地，没有冒险，何来生命中的大喜悦，大收获？如果我们想好了就豁出去，那么第一要有的就应当是"衣带渐宽终不悔，为伊消得人憔悴"的精神。我们要坚守自己，坚定自己的选择。同时，我们要理智地分析问题，大胆地质疑问题，并确定如何做。想好了就豁出去，并不意味着一种盲目，相反，是我们审时度势之后的理智选择，是对自己和所做的事情的一种负责态度，不应当也不能够导致一个不能收拾的烂摊子。它会开出繁茂的花朵，在生命的枝头摇曳。

你采取多大行动，才会有多大的成功，而不是你知道多少，就会有多大的成功。不管你现在决定做什么事，不管你设定了多少目标，你一定要立刻行动。惟有行动才能使你成功。

别等了，想好了就豁出去！现在做，马上就做，相信每个人都可以成为"成功大师"的！

作者

2012 年 3 月 12 日

目 录

第一章 趁年轻，我们干点什么吧

趁年轻，我们干点什么吧！因为年轻，所以才有充足的时间；因为年轻，才更容易接受新生事物。请充分利用时间，加快脚步，为自己的未来找准前进的方向，活出一种气概，干出一番伟业，闯出一片属于自己的天地，赢得一个精彩的人生。

第二章 别等了，赶紧行动起来

任何伟大的目标，宏伟的计划，最终必然落实到行动上才能得到实现，行动是完成计划、奔向目标、获得成功的保证。做事应考虑充分，但时机既至，即须动手，切莫犹豫。

第三章　不自卑，相信自己是最棒的

自卑就像一条蛀虫，不断吞噬着你的人生，它是你走向成功的"绊脚石"，是快乐工作的"拦路虎"。你的心态将逐渐变得消沉，你的生活也会毫无激情。所以，你要经常跟自己说："我是最棒的，我一定能行！"

第四章　大胆点，人生能有几回"搏"

没有敢为天下先、勇于承担风险的胆略，任何时候都成不了大业。大凡成功人士，都有着敢闯敢试敢干的过人胆略。

第五章　别犹豫，抓住每一次机遇

英国著名政治家和作家迪斯雷利说："死脑筋的人相信命运，活脑筋的人相信机会。"相信命运的人随波逐流，最终被命运的漩涡吞没；相信机会的人能主动出击，自强不息，最终扼住命运的咽喉，实现了自己的梦想。

第六章　善变通，成功的路不只一条

当路走不通时，不要再一味顽固，而是要变换思路，要改变陈旧的观念，打破世俗的牢笼。思路广一点，出路就多一点，这就叫思路决定出路。思路的改变就是命运的改变！朋友们，千万不要因为陈旧的思路而使自己成为一个失败者。

第七章　不放弃，你可以战胜挫折和失败

世上的一切事都贵在坚持。成事不在于力量的大小，而在于能坚持多久。伟大的事业不是靠力量，而是靠坚持来完成的。我们要实现美好的理想，就要做到持之以恒而不半途而废，目标专一而不三心二意。所以，在一件事情没有发展到不可收拾的时候，千万不要轻言放弃。

第八章 常充电，让自己变得更强大

在社会发展日新月异、知识更新速度不断加快的年代里，"充电"已经成为人们走向成功、提升自身竞争力的重要途径。要想得到成功的青睐，就及时地给自己充电，为成功的天平增添砝码吧！

第一章

趁年轻，我们干点什么吧

趁年轻，我们干点什么吧！因为年轻，所以才有充足的时间；因为年轻，才更容易接受新生事物。请充分利用时间，加快脚步，为自己的未来找准前进的方向，活出一种气概，干出一番伟业，闯出一片属于自己的天地，赢得一个精彩的人生。

1. 没有方向的船，永远没有彼岸

每个人都希望自己的人生有所作为，要想如愿以偿，首先要确定方向。成功从选定方向开始，是方向指引我们踏出了一条通往成功的路。

谚语说：没有方向的船，永远没有彼岸。人生重要的不是所站的位置，而是所朝的方向。方向比努力更重要，明确方向才能预约成功。

1926年，英国皇家学院院士肯莱文发现，在一个大沙漠中有一个叫比塞尔的小村庄，它紧靠一片绿洲，从这里走出沙漠只要三天时间，可是奇怪的是，这里却没有一个人走出沙漠。

肯莱文问那里的人，为什么不出去呢？得到的回答是：走不出去。原来他们尝试过多次，无论向哪个方向走，每次都是转回到原地。肯莱文当然不信，他雇了一个叫阿古特儿的当地人，让他带路，走了一天，果然又回到了原地。

他由此弄清了他们走不出去的原因：他们不认识北斗星，在茫茫大漠里没法准确地判断方向，所以他们走的路线实际上不是直线，而是一条弧线。肯莱文告诉阿古特儿：你白天休息，晚上朝着那颗星的方向一直走，就能走出去了。后来，阿古特儿成了那里第一个走出沙漠的人。

在人生途中，也有这样的"沙漠"，很多人走不出去，是因为没有选定方向。人要改变命运，取得成功，除了需要一种勇于追求的顽强精神，还应该选定人生的方向。有了方向，就有了出发时的激情，就有了前进的动力，人生就有了意义；有了方向，就给了自己无穷的斗志，从而离成功不会太远。

人生如果不确定好理想的坐标，就不会有明确的奋斗方向。每个人都有自己的梦，生活就是追逐梦的过程。人要有自己的人生方向，从而沿着自己的目标前进。

居里夫人从年轻时迷醉于青春爱情，到去巴黎追求学问，再到为祖国而献身科学；周恩来从为中华之崛起而读书，到为中华之崛起而斗争，再到为中华之崛起而工作；比尔·盖茨知道自己放弃大学的学业创建微软是最佳选择。他们的目标清晰坚定，人生的步子稳健有力，他们的人生是成功的，有意义的。

我们不要羡慕别人的成功，不是我们的命运没有别人好，而是我们的人生目标是否明确和坚定。成功从选定目标开始，只要朝着一个方向努力，一切都会变得得心应手。

杨澜大学毕业后，从央视《正大综艺》的节目主持人起步。她最初的目标是做一个一流的电视制作人，同时兼做一名优秀的主持人。在央视工作期间，她成为了一名受人欢迎的主持人。

杨澜一直在为自己的目标努力着。1994年，她激流勇退，离开央视到美国哥伦比亚大学国际及公共事务学院攻读硕士，为自己充电。1998年，她加盟凤凰卫视，开创名人访谈类节目《杨澜工作室》，并担任制片人和主持人。2000年，她创办大中华区第一个以历史文化为主题的卫星频道阳光卫视。2004年，她创办女性访谈节目《天下女人》，并担任制片人和主持人。从主持人到制片人，杨澜的选择都是围绕着自己的人生目标。她成功了，成为人们认可的优秀主持人和一流的电视制作人。

　　一个人在成功之前，最佳的准备就是必须有一个清晰的方向。今天，在你生命的 20 年，或者是 30 年，40 年，50 年，你是否应该认真地沉静下来想：你为什么活着？你的方向在哪里？你的定位到底是什么？这个问题确确实实在一直影响着我们前进。

　　方向决定结果，没有方向就没有成功。平凡如我辈，芸芸众生，应该有一个人生方向。人生拥有了方向，我们会感到充实和富足，岁月更加温馨，生活的画卷绚丽缤纷，我们活出的便是清风朗月的美丽，我们的成长道路就会一片光明。

2. 志向的大小决定人生的高度

拿破仑说："不想当将军的士兵不是一个好士兵。"这句话告诉我们，人要有志向，志向决定着一个人努力和判断的方向，志向的大小决定人生的高度。

战国末期，李斯从一介布衣崛起为大秦决定性人物，助秦王间六国、削重臣、夺军权、震宗室，何其辉煌。但改变了李斯一生，改变了中国历史进程的，却是一件偶然的小事，或者说应该是李斯不甘平庸的志向。

李斯青年时曾为郡中小吏，主管乡文书事宜。常常在厕所中见到老鼠辛辛苦苦地觅食，但得到的仍是一点点污秽不堪的可怜的食物，饥寒交迫，且又常受人和狗的惊扰，惶惶不可终日。再看粮仓中的老鼠，吃的是人囤积的好粮谷，住的是"高屋大厦"，而且没有人和狗的干扰，饱食终日，无忧无虑。于是李斯感叹说："一个人有无出息就像这老鼠，在于能不能给自己找到一个优越的环境。"李斯由此觉悟，这对他的一生取向具有决定性的意义。

后来，他投到当时大儒家荀卿门下，学习帝王之术。学成之后，他看到楚王胸无大志，不足与之为谋；又看到六国相继日渐衰弱，无从建立号令天下之奇功。只有秦国，经历了秦孝公以来的六世，特别

是秦昭王以后，已经奠定了雄踞于七国之首、可对诸侯国颐指气使、发号施令的政治、军事、经济基础，可望代替已名存实亡的周室而一统天下。

于是李斯对荀卿说："秦王想吞并诸侯，一统天下，成就帝王大业，这是智谋之士奔走效力、建功成名的大好时机。处于卑贱的地位而不思有所作为、改变这种境遇的人，与禽兽无异。人的耻辱莫大于卑贱，悲哀莫甚于穷困。我将西行入秦，去为秦王出谋划策，建功立业。"

公元前250年，秦孝文王去世，太子子楚继位，就是秦庄襄王。吕不韦当上了丞相，被封为文信侯。秦王政继位时年龄小，大权握在太后赵姬与丞相吕不韦手中。李斯投到吕不韦门下，一直勤勉谨慎，殚精竭虑，终于受到吕的青睐，被任为郎，从此参与政事。

后来，李斯有机会与秦王会面，得到秦王的支持。他软硬兼施，远交近攻，以武力为后盾，用金钱开路、执"连横"计劝诱六国中止同别国的"合纵"。不消几年，战果累累，李斯也借此被秦王称为"客卿"，进入了秦国领导集团的核心。

一个人的志向决定了他个人的发展方向，他会沿着志向指定的方向做出自己的努力。志向是成功的向导，是生命奇迹的源泉，志向远大的人更容易成功。

当年，秦始皇南巡，仪仗万千威风凛凛。年轻的刘邦和项羽见到后，分别发出了"大丈夫生当如此"和"彼可取而代之"的慨叹，刘、项二人后来果然成就了楚汉霸业。

秦末，陈胜在田间歇息的时候怅然叹息"苟富贵，无相忘"。此话遭到了同伴的讥笑，陈胜却说："燕雀怎么会懂得天鹅的志向呢?!"后来，陈胜成为抗击秦二世暴政的农民起义领袖。

年轻的诸葛亮躬耕于南阳时，曾自比于管仲、乐毅，后来出山辅助刘氏，最终实现了三分天下匡复汉室的理想。

时势造英雄固然不假，但英雄年青时肯定有超越常人的宏伟志向。伟大的目标造就伟大的人物，志向渺小的人注定会走平庸的人生之路。胸无大志，焉能铸造辉煌的人生？

人要有志向，不能庸庸碌碌，浑浑噩噩，让青春年华在琐屑而繁忙的生活中渐渐逝去，让意志在平淡无奇的日子里悄悄消磨。我们要告别平庸，早一天就多一份人生的精彩，迟一天就多一天平庸的困扰。

3. 锁定目标，锲而不舍

荀子有云："锲而舍之，朽木不折；锲而不舍，金石可镂。"一个锁定目标、锲而不舍的人，定会成功，不仅是形式上的成功，更是实质上的成功。

也许有人会问，为什么同样有目标的人，有的人成功了，有的人却失败了。那是因为在为一件事做准备时，不但要制定明确的目标，更重要的是要始终专注于这个目标，不能因为其他事情的出现而分散注意力。如果你今天想成为一名营销高手，明天想成为一名管理专家，后天又想当一名出色的设计师，最终的结果只能是得不偿失，你的准备工作很可能前功尽弃。这样，显然无法把接下来本应该做得很好的工作完成得令人满意。请相信这样一句话：一个好猎手的眼中只有猎物。

在茫茫的大草原上，有一位猎人和三个儿子。这天老猎人要带三个儿子去草原上猎野兔。一切准备停当，四个人来到草原上，这时老猎人向三个儿子提出一个问题："你们看到了什么？"

老大回答道："我看到了我们手里的猎枪，草原上奔跑的野兔，还有一望无垠的草原。"

父亲摇摇头说："不对。"

9

老二的回答是："我看到了爸爸、大哥、弟弟、猎枪、野兔，还有茫茫无垠的草原。"

父亲又摇摇头说："不对。"

老三的回答只有一句话："我只看到了野兔。"

这时父亲才说："你答对了。"

果然，这天老三打到的猎物最多。

目标要专一，不能游移不定。眼中只有猎物的老三能猎到最多猎物就是最好的佐证。但事实证明，大多数人都有一个共同的悲哀：他们今天是这样一个目标，明天就是那样一个目标，后天又是另一个目标，目标游移不定，最后一事无成。

目标游移不定，实际上等于没有目标。如果说他们有目标，那只能算作一种小打算。

有位年轻人，他每次下田用犁耕作时，由于没有经验，所以走得歪歪斜斜。他的父亲告诉他："你应该选定一个目标，然后朝着目标走，这样就不会歪啦！"于是，他以远处的另一头牛作为目标，他想应该没有问题了，但是耕出来的田仍然不直。这时他父亲又说："第一次是你缺乏目标，所以不直。第二次是错在目标的移动，当然就会走歪。所以，你应该找一个固定的目标，并且要看准这个目标才行。"第三次，他选择了远方的一棵树作为目标，果然犁出来的田直直的。

因此，如果目标游移不定，实际上就是三心二意，这不但会消耗精力，而且也浪费青春，最终是竹篮子打水一场空。一位女大学生诉说她的苦恼：第一次高考，她考上了华东师范大学，学校虽不错，可对专业没兴趣，不到一年她退了学，她想复读再考复旦大学。第二次，她虽然考上了大学，可不是复旦，而是一所普通大学，这次虽然专业不错，可她又认为这个学校没名气，太差了，她又想退学再考。母亲知道后坚决不同意她退学，为此，她感到苦恼。

这又说明了一点，你必须设定一个固定目标，这个目标必须是清晰而切实可行的，而不是虚无缥缈的。目标一旦确定，就要付诸行动，并执著地为之追求。

"周杰伦"这三个字在很多年轻人心目中已经成为一种信仰。现在的他，游走在自己的音乐世界里，尽情地挥洒着自己的音乐才华，他的"酷"和特立独行已经成为一种时尚的标志。殊不知，在成功的背后，周杰伦也付出了沉重的代价。

在周杰伦的少年时代，他遭受了家庭的变故（父母离婚），给他的心灵造成了很深的创伤。妈妈独立把他养大，还培养他学习钢琴。中学毕业后，因为家境不佳不得不去当侍应生，后来，因为参加电视台的一个选秀新人的节目，他才被台湾著名艺人吴宗宪发掘，去吴宗宪的唱片公司发展。一开始，周杰伦创作了很多歌曲，吴宗宪把这些歌曲推荐给了张惠妹、刘德华等歌手演唱，但是这些歌手对之不屑一顾。他一次次地面对着冰冷的墙壁发呆，品味着自己落魄的样子。但是即使这样，他回想着一路成长中的种种艰难，那些嘲笑和白眼，他才知道，那梦想是真地一直留存在他的心里，他发誓，一定要坚持自己的音乐梦想，坚定地走下去。那梦想已然成为他的一种信仰，不能终止的灵魂追求。终于，在背水一战之后，周杰伦自己作词作曲的第一张专辑《杰伦》一上市便被抢购一空，他成功了。

是的，我们在坚持梦想的道路上，或许都曾遭受过或者将会继续遭受很多的白眼和嘲弄。我们会一遍遍地询问自己：我真的可以吗？这时

候，要学习周杰伦的精神，继续走下去。嘲弄我们的人最终看到的或许只能是我们那成功的潇洒背影。

史铁生是中国当代的著名作家，他在20岁的花季年龄却遭受了人生最沉痛的打击——双腿萎缩，余生要与轮椅为伴了。年轻气盛的他，当时根本无法接受这一现实，他长时间地在地坛公园里坐在轮椅上发呆。他观察着地坛里万物的生长，看到一只蚂蚁都在忙碌地工作。而自己呢？从此以后只会是一个废人了，一个百无一用的废人。他连写作的勇气都没有了。他绝望痛苦，感觉着周围人那些冷冷的目光，想着关心着自己的母亲，觉得自己凄惨无比。然而，也是在与地坛的相处中，他发现了自然万物的生长规律，想透了人生的生死命题。他明白了，上天就是要你来世上完成自己的人生使命的。

之后的史铁生，重新勇敢地拿起了笔，书写着自己的人生体验，成为了现代的心灵医师。读他的作品，我们体会到的是他精神世界的博大和人类思想的可贵，他是自己的心理治疗者，也治愈很多的精神"残疾者"。写作，通过写作来表达自己是史铁生的梦想，也永远是他的信仰。

著名导演李安在成名之前，大约从1983年起，经过了6年多的漫长而无望的等待，大多数时候都是帮剧组看器材、做点剪辑助理剧务之类的杂事。最痛苦的经历是，他曾经拿着一个剧本，两个星期跑了三十多家公司，一次次面对别人的白眼和拒绝。那时候，李安已经将近30岁了。古人说：三十而立。而他连自己的生活都还没法自立，李安无数次地思虑：怎么办？继续等待，还是就此放弃心中的电影梦？

那个时候，李安除了看电影、写剧本外，还包揽了所有家务，负责买菜做饭带孩子，将家里收拾得干干净净。他常常在做好晚饭后，跟儿子一起坐在门口，一边讲故事给儿子听，一边等待"英勇的猎人妈妈带着猎物（生活费）回家"。然而，就是这么无望的等待，都没能阻止李安继续自己的电影梦想。功夫不负有心人，后来，李安的剧本得到基金会的赞助，开始自己拿起摄像机，再到后来，一些电影开始在国际上获奖。现在的他，已然是国际大导演，凭借《断背山》拿到了奥斯卡小金人。正是在最黑暗时刻的坚守，永不放弃的电影梦想，支持出了一个优秀的导演。也让我们明白了黑暗中坚守梦想的可贵。

当梦想成为信仰，那些曾经的或者正在经受的遗憾、挫折、失败都不会令我们感到绝望，我们拥有更多的只会是对未来更多的期许和更热切的期盼。那矢志不移的梦想追求，怎么会经受不住一时的失意呢？"许三多"王宝强现在已然成为一位专业的演员，取得了自己事业上的成功。但是你知晓他是一位农村出身，只有中学学历的演员吗？在成名之前，王宝强的生命中只有一个信念和梦想——要演戏，做演员。为此，他持之以恒，让自己坚决地行走在跑龙套的队伍中。终于，他有了"傻根"这个角色，后来就有了更多的角色，最后终于成功了。王宝强的梦想就是他的信仰，他坚定不移地行进，也用自己活生生的事例告诉我们，只要有梦想，没有什么不可以。

由此不难看出，人生只要有固定的目标，然后，坚持不懈，锲而不舍，成功才会有希望。目标不能游移不定。每个人面对目标都不能三心二意，谁游戏人生，人生就将会游戏谁，到时候只会落得个"老大徒伤悲"的结局。

锁定目标就是朝着你确定的目标前进。这个目标是比较固定的，不是三心二意的，而且还是一个较高层次的。但锁定目标，并不是说你一生就只能有这一个目标，如果你今后感觉这个目标不适合你，或你有更高层次的目标，你可以更改。

因此，人生很重要的一件事就是，你要学会制定目标。如果实践检验这个目标是对的，就要锁定，并为之而全力以赴；如果你的目标是错的，不符合时宜的，就要更改。只有这样，你才会成为一个真正出色的人。

4. 方向找对了，成功是早晚的事

有人问著名物理学家杨振宁："人生最重要的事情是什么?"杨振宁回答："方向正确。我很幸运，因为我的方向是正确的。"的确，人只有掌握正确的方向，才能创造成功的人生。

人生是一场竞技，不仅要付出努力，更要方向正确。坚强和毅力固然可敬，但只有在正确的方向下才会发挥作用，选错了人生方向，就会与成功背道而驰。

20世纪40年代，有一个年轻人先后在慕尼黑和巴黎的美术学校学习画画。二战结束后，他靠卖画为生。一天，他的一幅未署名的画被人误认为是毕加索的作品而出高价买走。这件事情给了他启发，于是他开始全面地模仿毕加索，出售假画。

20年后，他决定不再仿冒毕加索，于是来到西班牙的一个小岛定居。他拿起画笔，画了一些风景和肖像画，每幅都署上了自己的真名。这些画过于感伤，主题也不明确，根本得不到人们的认可。

不久，当局查出他就是那位躲在幕后的假画制造者，考虑到他是一个流亡者，没有将他驱逐出境，而是判了他两个月的监禁。这个人就是埃尔米尔·霍里，世界上最著名的假画制造者。

毋庸置疑，埃尔米尔有独特的天赋和才华，但是由于没有找准自己的方向，终于陷进泥淖之中，不能自拔。虽然他也曾一时暴富，但他终日惶惶不安，并终究难逃败露的结局。最为可惜的是，在长时间模仿他人的过程中，他渐渐迷失了自己，再也画不出真正属于自己的作品了。

可见，一个人如果走上了错误的路，等待他的将是失败和痛苦。他在黯自神伤的时候，又是何等痛苦与悔恨，但是木已成舟，无法挽回。

人生除了积极地追求，勇于付出辛苦的汗水以外，还要注意拼搏的方向。方向找对了，成功是早晚的事；方向错了，走得再快也是南辕北辙。当一个人把努力用在错误的方向上时，其失败就已经命中注定。

《南辕北辙》的寓言故事告诉我们，做事要先看准方向，才能充分发挥自己的有利条件；方向错了，有利条件只会起到相反的作用。现在我们已经知道地球是圆的，理论上讲那个南辕北辙的人最后也能到达目的地，但是他所花费的时间、金钱是多少呢？做人做事也是一样，方向弄错了，成功的几率就会很小，即使成功也会浪费很多的人力、物力、财力。

一粒种子的方向是冲出土壤寻找阳光；一条根的方向是伸向土层汲取更多的水分。人生同样如此，正确的方向会引领我们踏入成功之门，错误的方向则让我们误入歧途，甚至遗恨终生。

对人生而言，努力很重要，但选择好努力的方向更重要。很多人不能成功，原因在于方向的错误。许多人埋头苦干，却不知选择方向，到头来发现成功的阶梯搭错了方向，却为时已晚。

有人把一只蜜蜂和一只苍蝇同时放进一个瓶子里。蜜蜂不停地咬，希望咬破这个瓶子飞出去。三天后，它死在瓶子里。苍蝇在瓶子里转了几圈后，发现四周都很坚固，就飞到瓶口处，意外地发现那里有一个出口，就飞出去了。

很多人终生劳碌，一无所获，只因找错了方向，把精力用错了地方！生活之路弯路多，找对方向才是发挥自己勇敢精神的正确归宿。所以，我们努力做事的时候，一定要弄清楚方向是否正确。

历史上有不少人有过这样美好的愿望：制造一种不需要动力的机器，它可以源源不断地对外界做功，这样可以无中生有地创造出巨大的财富来。在科学历史上从没有成功地出现过永动机。能量守恒定律的发现使人们认识到：任何一部机器，只能使能量从一种形式转化为另一种形式，而不能无中生有地制造能量。因此，根本不能制造永动机。那些追求永动机的人们，愿望是好的，也不缺乏刻苦钻研的精神，只是他们做事情违背了客观规律，所以失败了。

所以，有的人失败了，不是没有能力，而是选错了方向，定错了目标。成功者的秘诀是：随时检查自己的选择是否有偏差，合理地调整目标，轻松地走向成功。

牛顿早年就是永动机的追随者，在进行了大量的实验失败之后，他很失望，但他很明智地退出了对永动机的研究，在力学研究中投入了更大的精力。最终，许多永动机的研究者默默而终，而牛顿却因摆脱了无谓的研究，而在其他方面脱颖而出。

在人生的关键时刻，我们要审慎地运用智慧，做正确的判断，选择正确方向。每次正确无误地抉择将指引你走在通往成功的坦途上，你就能达到人生的预期目标，创造人生的辉煌。

方向的选择往往随时间而改变，因为梦想和目标都需要时间慢慢培养。如果你能让梦想自由发展，给它更多的空间和时间，让它在你心中沉淀，那么，你的选择会更加正确。

5．扬长避短，做好定位

每个人都渴望做好自己的事，从而取得人生的成功。相反，好果做自己不适合做的事，则意味着痛苦。因此，我们有必要问问自己：我到底适合干什么？

人有所长有所短，人人都可以成功。成功之道在于最大限度地发挥优势，控制弱点，而不是把重点放在克服弱点上。

有人研究发现，人类有四百多种优势。这些优势本身的数量并不重要，最重要的是你应该知道自己的优势是什么，将你的生活、工作和事业发展都建立在你的优势之上，这样你就会成功。

成功需要扬长避短。传统上我们强调纠正缺点，弥补不足，并以此来定义"进步"。事实上，当人们把精力和时间用于弥补不足时，就无暇顾及增强和发挥优势了，更何况人的欠缺都比优势多，大部分的欠缺是无法弥补的。

谚语说："骏马行千里，耕地不如牛；坚车能载重，渡河不如舟。"是兔子就去跑步，是鸭子就去游泳！每个人都有自己的强项，在选择事业的方向上，要遵循扬长避短这个原则。

20世纪30年代，爱因斯坦收到以色列当局的一封信，信中诚请他去

当以色列总统。爱因斯坦是犹太人，若能当上犹太国的总统，在一般人看来，自是荣幸之至了。但爱因斯坦拒绝了。他说："我整个一生都在同客观物质打交道，既缺乏天生的才智，也缺乏经验来处理行政事务以及公正地对待别人。所以，本人不适合如此重任。"

人生的诀窍就是发现自己的优势，经营自己的长处，把自己安排在合适的位置上。你所做的不是你擅长的，成功就很困难。我们要将自己宝贵的青春与精力用在自己特长的地方，选择自己最适合做的去发展。

马克·吐温早年做过一段时间的商人，投资开发打字机，最后赔了5万美元，一无所获；后来他看到出版商因为发行他的作品赚了大钱，心里很不服气，也想发这笔财，于是开办了一家出版公司。经商与写作毕竟风马牛不相及，马克·吐温很快陷入困境。这次短暂的商业经历以出版公司破产倒闭而告终，作家也陷入债务危机。

经过两次打击，马克·吐温终于认识到自己毫无商业才能，遂绝了经商的念头，开始在全国巡回演说。这回，风趣幽默、才思敏捷的马克·吐温完全没有了商场中的狼狈，重新找回了感觉。到1898年，马克·吐温还清了所有债务。

美国著名的演说家，职业顾问戴安·萨克尼克说："每个人都有自己的特点和定位，找准自己的位置做到最好就是成功。"你在规划自己的人生时，一定要选择有利于发挥自己优势的职业。

美国广告界巨擘乔安娜自小就喜爱文学，并阅读了大量的文学著作，而且她在很小的时候便立下了志向，做一名出色的作家。高中毕业以后，她便报考了文学系。

大学毕业后，她没有像其他同学那样去找寻工作，而是开始埋首文学创作。她在一年之中写了两部长篇小说，但均未被采用。乔安娜并未灰心，她认为是自己的视野太狭窄所致，于是借了一笔钱到各地旅游，增长见闻。每次旅游后她都会写下散文和札记，但被报社采用的几率仍然不高。

这时，由于她长期入不敷出，亲友便开始反对她的追求，劝她将创作当成业余爱好，去找一份工作做。乔安娜知道艺术来源于生活，就同意了。她有很好的文字基础，很快就在报社找到了一份记者工作。但她对文学创作仍念念不忘，对记者工作极不用心，没多久就被解雇了。

一年中她数次失业，情绪也因此而低落，她的作品质量更是每况愈下。这时，她开始静下心来分析当作家所需要的多种因素。终于她认识到，要成为作家除了努力以外，还要有机会、阅历、思想等许多条件，当然最重要的是要有天赋。

乔安娜决定放弃当作家的念头，开始从事广告文案创作。由于她的文学底子很强，很快就在广告界崭露头角，最后成为有名的广告策划人。

她曾对记者说："人都有擅长与不擅长的东西，看你如何去发挥自己的才能；而人能否有特别的专长则取决于个人的自觉，这就要靠你自己去发现并将它发展，只有这样，你才能成功。"

从她这句话中我们可以明白一个道理，那就是成功绝非仅是靠拼命努力就能获得，它需要与专长结合起来，这至少能让你少走弯路。

每一个人都是独特的，有着不同的优点。若是我们违背自己的本质，不尊重自己的独特性，那么不论我们怎样努力，我们永远和成功绝缘。该做老师的人却去创业做老板，该做管理员的人却去做推销员，该做律师的人却去做医生。假如你不清楚自己的本质，不明白自己的特长，那么你很可能做出不适合自己发展的选择。

　　我们在选择自己要做的事情时，一定要认真、慎重地问自己："我到底能干什么？"想好自己适合干什么，不要盲目行事。

　　经营自己的长处，就会给生命增值。世界上的事业千万种，总能找到自己的发展天地。一个人能够认识自己，找准人生定位，发挥自己的优势，就能走向成功。

6. 把一个大目标分解成一个个小目标

有一个看似很难回答的问题："怎样吃掉一只大象？"而实现一个大目标就像吃掉一只大象般有很大的难度。

这里可以告诉你，吃掉一只大象的方法就是"一口一口地去吃"。同样，把一个大目标分解成一个个小目标，然后从第一个小目标开始做！世界上没有任何捷径能够一步登天，只有脚踏实地，才能走得稳，走得高。

也就是说，结合你的实际情况，确立自己的目标。在实现这一目标的过程中，可把这一目标分解成一个个小目标。实现一个小目标，会使你产生成就感和自信。在实现小目标的过程中，你应该制定一个详细的时间表，严格按计划执行。正如建造房子一样，先由建筑设计师绘出一幅蓝图，再由建筑队建造。在蓝图上，家中的各个摆设都要清楚地画出，一切都要设计得井然有序。

1984年，在东京国际马拉松邀请赛中，名不见经传的日本选手山田本一出人意料地夺得了世界冠军。当记者问他凭什么取得如此惊人的成绩时，他说了这么一句话：凭智慧战胜对手。

当时许多人都认为这个偶然跑到前面的矮个子选手是在故弄玄虚。

21

马拉松赛是体力和耐力的运动，只要身体素质好又有耐性就有望夺冠，爆发力和速度都还在其次，说用智慧取胜确实有点勉强。

两年后，意大利国际马拉松邀请赛在意大利北部城市米兰举行，山田本一代表日本参加比赛。这一次，他又获得了世界冠军。记者又请他谈谈经验。

山田本一性情木讷，不善言谈，回答的仍是上次那句话：凭智慧战胜对手。这回记者在报纸上没再挖苦他，但对他所谓的智慧迷惑不解。

10年后，这个谜终于被解开了，他在他的自传中是这么说的：

"每次比赛之前，我都要乘车把比赛的线路仔细地看一遍，并把沿途比较醒目的标志画下来，比如第一个标志是银行；第二个标志是一棵大树；第三个标志是一座红房子……这样一直画到赛程的终点。比赛开始后，我就以百米的速度奋力地向第一个目标冲去，等到达第一个目标后，我又以同样的速度向第二个目标冲去。四十多公里的赛程，就被我分解成这么几个小目标轻松地跑完了。起初，我并不懂这样的道理，我把我的目标定在四十多公里外终点线上的那面旗帜上，结果我跑到十几公里时就疲惫不堪了，我被前面那段遥远的路程给吓倒了。"

分段实现大目标，确实有发聋振聩的启迪。

受英国作家科贝特的影响，格拉顿渴望成为一名大作家，断然辞掉报社的工作要一门心思从事创作。由于没有工薪交不起房租，他白天不敢露面，只好在大街上徘徊。至于何时能写出自己的大部头，他感到有些渺茫，不由得丧失了坚持到底的信心。突然，他想起了一件事，这件事鼓舞了他。

格拉顿当记者的时候，曾采访过俄国著名歌星夏里宾。一天，两个人在42号街不期而遇，格拉顿忍不住倾诉了自己的苦恼。夏里宾没有对此发表意见，而是转移话题说："我住的旅馆在 103 号街，咱们一块走过去，你看怎么样?"

格拉顿不胜惊讶地说："103 号街，我哪能一下子走这么远的路?"夏里宾随声附和说："是呀，从这里到 103 号街要过 60 个街口，少说也要步行两个小时。那就别去我住的旅馆了。你看再往前走 6 条街，到贝里射击游戏场玩玩怎么样?"

格拉顿接受了夏里宾的建议，两人很快来到游戏场，站在那里看了一会热闹，又接着往前走。到了长纳奇大戏院，夏里宾热情不减地说："现在距离中央公园只有 5 条街了，我们到那里去观看好玩的猩猩吧。"就这样走走停停，一路上谈笑风生，不知不觉地就到了 103 号街。

将近用了 4 个小时，两个人走完 60 个街口，居然一点都不觉得累。旅馆附近有一家餐馆，对饮时夏里宾借题发挥说："今天走这么一趟，你应该记在心上。一个人无论与目标的距离有多远，也要学会轻松地走路。这样行走的过程才不会沉闷，漫长的距离才不会让人却步。"

后来格拉顿成为美国著名的专栏作家，写出大量脍炙人口的名篇佳作。有道是饭要一口一口地吃，田要一垅一垅地犁，仗也要积小胜为大胜地打。

聪明的人为了达成主目标，常会设定"次目标"，这样会比较容易完成主目标。许多人会因目标过于远大，或理想太过崇高而易于放弃，这是很可惜的。若设定"次目标"便可较快获得令人满意的成绩，能逐步完成"次目标"，心理上的压力也会随之减小，主目标总有一天也能完成。

虽然我们把大目标分解成一个个小目标，但最终还是为了实现大目标，因此，千万不能满足于小目标的实现之中，千万不能只追求那些小目标。

报纸曾报道过某海域300条鲸鱼死亡的消息。原来，这些鲸鱼为追逐小利，想吃掉沙丁鱼，不知不觉被困在一个海湾而暴死。人有时也是如此，如果你只追求小目标，就会空耗自己的青春，而一无所获。

追求小目标会使你只顾及眼前利益，鼠目寸光，到时候，你依然一无所获，无法成就出色的人生。

没有解决温饱问题的人，一心想着解决温饱问题，一旦温饱问题解决，他就知足为乐，再不去奋斗，最后，抬起头一看，原本在后面的人却跑到前面去了，而自己依然只是一个小人物，依然默默无闻，可有可无。

每个人来到世上，都希望有所作为并能造福于人类。我们不能知足于眼前的生活，如果我们追求的是大目标，就不会满足于现实生活，就会奋斗不息，追求不止。

7. 为目标设定一个期限

许多人在设定目标的时候，没有设定具体的期限。一个没有期限的目标，不管多么美好，效果是非常有限的。

一个没有实现期限的目标，是注定要失败的。即使取得了成功，也是侥幸得来的。我们不要靠运气生活，要靠目标和计划生活，这是每一个成功者不断在做的事情。

1978年，有位年轻人非常谨慎地抱着一大包东西，拜访了夏普的奈良工厂。他在接待他的工厂主管面前打开布包，拿出一台能将日语翻译成英语的电子翻译机，热切地说明这台机器的构造。这个年轻人说："这台机器价值一亿日元，买不买？"

真是顺利，买卖成交了。年轻人以这笔钱作资金，三年后成立了电脑软件流通公司。这个年轻人就是孙正义。当他前去夏普拜访时，还只是个22岁的大学生。

从开始实现自己的理想到今天为止，孙正义都执行了一套彻底的时间战略。孙正义早就立下志愿，要当一位企业家。那时他还是大三学生，就为自己订下日课，每天要想出一种能够赚取事业资金的商品构想。限制时间只有5分钟。这是一项避免妨碍自己学习功课及提高集中力的时

间限制。这项日课实行下来，孙正义积累了数百种商品构想，其中之一就是电子翻译机。

孙正义成立的软件流通公司相当活跃，借着公司股份，他成了资产达两千亿日元的商界名流。但这只是孙正义的出发点，他曾公开表示，软件流通公司在21世纪年营业收入将达到一兆日元，在21世纪的数位情报产业中，成为世界第一是最终的目标。

正如拿着大包去售电子翻译机一样，孙正义为达成目标，设计了一套设定时间的架构："20多岁创立事业，30多岁赚得资金，40多岁决胜负，50多岁有所成就，60多岁时使其传承下去。"这是一项人生以10年为一个阶段的伟大构想。

孙正义的自我实现就产生于"每天以五分钟时间想出一个点子"这种精细的时间感和"以10年做区分展开事业"这种大格局的人生设计的交会处。为自己的目标设定期限，就能产生把自己的力量发挥到极致的意愿，为实现目标而全力以赴，目标达成的几率就会越高。

没有期限的限制，就会缺乏做事的动力。为目标设定了期限，如果不严格要求自己，不积极地去做，目标也是无法到期完成。因为每个人在不同程度上都有拖延的表现，人生中80%的可利用时间都被拖延浪费了。想想看，你在年初订的目标到年底时实现了几个？是什么原因没有按时实现？

要克服拖延的习惯，惟一方法就是为每件事设定期限并严格执行。把每天的目标详细写在纸上，坚持完成当天的任务。一个月后，你就会养成任何事都有期限并定时完成的习惯，这个习惯是你人生成功的一个关键。

18世纪美国思想家本杰明·富兰克林说过："不要把今天能做的事推到明天做。"我们做任何事情都必须有个明确的时间计划，要珍惜分分秒秒的光阴。

美国恐怖小说作家斯蒂芬·金除了他的生日、圣诞节和 7 月 4 日那天，每天都要写 1500 字。如果你真的想在期限之前完成任务并获得成功，你就需要不断的坚持，直至任务完成。但不要把期限规定得过于紧张，毕竟有许多不确定的因素。

拖延具有破坏性，是最危险的恶习，它使人丧失进取心。一旦开始遇事推脱，就很容易再次拖延，直到变成一种根深蒂固的习惯。所以，我们要积极地行动，摆脱懒惰与拖延的恶习。

人最容易也最经常拖延那些需长时间才能显现出结果的事情，不论事情大小，都不要放任自己无限期地去拖延。当你养成按时完成工作的习惯时，你就掌握了个人进取的精义。

8. 抓住适合自己的目标

对于真正能够冲破人生难关的人而言，他所依靠的目标不是别人的，而是自己的。认识到这一点很重要。人生是个不断探索的过程，失败有时并不是由于你的能力、学识的不足，而是由于你错误地选择了目标，而失败正给予了你一个重新思考并从错误中解脱的良机，从错误中得到冲破人生难关的条件。

有位叫安小鲁的年轻人，他的第一份工作是葡萄酒推销员，因为他不知道自己还能干什么，于是他认为自己的目标就是"卖葡萄酒"。起初他是为一个卖葡萄酒的朋友干活，接着为一家葡萄酒进口商工作，最后同另外两个人合作办起了自己的进口业务。生意越来越糟，可安小鲁还是拼命抓住最后一根稻草，直到公司倒闭。他仍不改行，因为他不知道自己还能干什么。

事业的失败迫使他去参加了社会上所谓的"创业"培训。他的同学有网络专家、艺术家、汽车修理工等，他逐渐认识到这些人并不认为他是个"卖葡萄酒的"，反而认为他是个有才能的人，甚至叫他"多面手"，他们对他的看法使他抛弃了原来的目标。

他开始猛醒，仔细分析、探索其他行业，思索自己到底能干什么。

最后，他选择了和爱人一起开展房地产业务，这使他取得了"推销葡萄酒"永远不能为他带来的成功。

　　许多职业专家认为，一个人一生中至少要经过两三次转变，才能最终找到适合自己特长的事业，而确定自己合理的目标，则需要同样长的一段时间。

　　无法付诸实现的事物，是不值得我们去追求的。在这个世界上，若是经过了解以及正确的追求而仍然无法得到的东西，那么这种东西对我们毫无益处可言。

　　日复一日，年复一年，永远要有目标——属于你自己的目标，而不是别人强加在你身上的目标。否则的话，你的努力便对你没有好处了。你，必须澄清思想，除去不相干的事件，并深入内心，看清自己要达到的目标是什么。

　　一个目标是否正确，是否恰当，往往需要在实践中不断完善。对能把握的东西，进行仔细的分析；对还不能把握的东西，就必须先尝试实践，再不断完善。

　　社会工作千百万种，人的素质与才能千差万别，任何人都不能成为什么都行、包打天下的英雄。每个人都必须确立自己的优势目标。在你确定自己的优势目标时，可参考以下几点经验：

　　(1) 要全面衡量

　　设立目标，是走向成功的重大起步，必须配合行动计划作充分的思考，舍得花时间，目标是你行动的指南。否则，你就会走错路，做无用功，浪费你的宝贵时间和生命。因此，无论如何，你不能在设立目标时草率行事。

　　设定目标，要在自己的阅历、气质与社会环境条件等方面反复琢磨，论证比较，仔细推敲，一定要把它作为人生最重要的事情来做，切勿草

率，否则会贻害自己。

(2) 中短期目标要有挑战性、可行性

心理学实验证明，太难或是太容易的事，都不容易激起人的兴趣和热情，只有具备一定的挑战性，才会使人有冲动的激情。

中短期的目标是现实行动的指南，如果大大地低于自己的实际水平，根本不能发挥自己的能力，那么，是没有人愿意去做的，即使勉强地做，也不会有很好的成绩，说不定还不如普通的人做得好。

但是反过来，如果要做的事要求太高，远远超过了自己的能力，望尘莫及，不能在一段时间内显出成效，也会大大挫伤积极性。

那么适度掌握便是一个关键，情况因人而异，个人经验、素质水平和现实环境的许可是决定你中短期目标的依据。

玛丽女士曾用一个譬喻来说明这个问题：就好像修建房屋，经验不足时，就先建简单的平房，有了经验的累积后，便可以建摩天大楼了。如果连平房也建不好，就更不要说摩天大楼了。当然，如果有了建大楼的能力，却还是去建平房，这项工作便变得乏味，缺乏挑战性。

(3) 中短期目标要有明确性、限时性

中短期目标，或者三五年，或者一两年，有的甚至可以短至几个月。这种短期目标，如果还不明确、具体的话，那就等于是没有任何目标。

只有具体、明确而有时限的目标才具有行动指导的激励的价值。你强迫自己在一定的时限内完成一定的任务，就会集中精力，开掘潜能，调动自己和他人的积极性，为实现目标而奋斗。

否则的话，整日只是懒懒散散地去做一些工作，将一个月完成的事拖到两个月后完成，或者想的只是完成就行，时间无所谓，那么永远谈不上成功。

(4) 目标需要做必要的调整

不管是远大目标，还是中短期目标，你把它们设立起来，是为了指导规划自己走向成功。所以，如果你设立的目标已经不太符合实际情况，就必须迅速做出调整和修改，千万不能将自己定出的目标作为一成不变的教条，以僵化保守的心态来对待。

因此，每年至少要作一次检查校正，对你制定的各种目标做出一些必要的调整修改。

情况总是在不断地变化，当时制定的目标是在当时的环境条件下形成的，如果环境情况变了，难道你还能死板地固守在同一个目标上吗？如果你始终僵化保守，你就很难发挥潜能，很难利用环境走向成功。

(5) 在实践中完善目标

目标是对未来的设计，一定有许多难以把握的因素，如果你不勇敢地进行试验、实践，就很难知道目标是否正确。

你要学会如何设定你的目标、你的美梦和你的愿望，学会如何能够保持志向和促其实现。就好像玩拼图游戏，若你在人生中没有清楚的目标，就好像不知整体的全貌，胡乱地拼凑生命。当你知道了自己的目标，便能在脑海里描绘出一幅图画，让神经系统得以按图索骥，找到最需要的资料。

你应先建立个目标规划，尤其是要全心全意地去做。如果你只是随手翻翻，不会对你有什么帮助。希望你能够坐下来，手里拿支笔和一张纸，写下自己未来的目标和计划。

找一个让你觉得最舒服的地方，不管是你喜爱的书桌，或是角落里照得到阳光的椅子，只要能让你心静的地方，花一个多钟头好好计划一下你未来的希望。做些什么？看些什么？说些什么？成为什么？相信这会是你一生中最宝贵的时光。你要去学习如何设定目标和预测结果，你要画出一张人生旅程的地图，你要勾勒出自己的方向和前进的路径。

有限的目标会造成有限的人生，所以在设定目标时，要尽量伸展自己。惟有自己制定目标，才是惟一能期望实现的方法。

9. 找到自己的最佳着力点

　　人生路弯弯曲曲，梦想的实现循环往复。你或许已经确定了人生的目标，向自己的航向进发。然而前路可能有风雨袭来，那狂风暴雨可能会在瞬间摧毁你的航船。眼看前行无望，你能否在原地重新寻觅那梦之帆，依然重新向另外的彼岸起航？

　　人生有太多要做的，能做的。当我们坚定地喊出"我能"的时候，全世界都会为我们让路。我们义无反顾地出发了，既然"目标是地平线"，那别人看到的只会是你坚毅的背影。然而走在命运的十字路口，你向左走还是向右行？其结果是截然不同的。如果左边你看到的是泥潭还要义无反顾，那最多只是一时逞匹夫之勇难成大器。真正大智者，懂得在决定命运的关口调整自己的航向，迂回前行，最终也能达到成功的终点。

　　我们要勇于尝试，找到自己的最佳着力点。懂得自己的生命的特质，了解自己的个性，认真地抉择自己的人生方向。没有失败的人生不是真正的人生。没有经受过梦想破灭的人不是真正成功的人。

　　史玉柱是中国当代的一个著名企业家。迄今为止，他的生命历程中曾经受过巨大的失败，但他能一次次地跌倒后爬起来。他先后涉猎房地

产、保健品、网络游戏等领域。他在经历过巨大的成功后，欠债、锒铛
入狱使他一度陷入人生的绝境，但是之后他勇于调整方向，从头再来，
大胆创新，那著名的"今年过节不收礼，收礼只收脑白金"的广告深入
人心，那名为"征途"的网络游戏在网游迷们心中的地位不言而喻。他
无数次梦想破灭过，但他最终成功地转舵，驶入了另一个繁华的港口，
那高扬的理想风帆似乎在诉说着他生命中的一幕幕：成功，失败，转舵，
再成功……

　　一代文豪鲁迅的故事大家都很熟悉。少年鲁迅，因自己的父亲饱受
疾病的困扰，决意从医救世，不让类似父亲的悲剧再发生。于是毅然决
然地远赴日本，投于"藤野先生"门下，专习医术。然而，在日本有一
次看录像时，看到国人的麻木看客行径，终于奋力思索，决定弃医从文。
我们现在要讨论的不是我们该如何庆幸鲁迅的选择对中国现代社会乃至
之后的中国社会的影响。我们要思索的是，如果他当初没有弃医从文，
那会是怎样的一种结局？或许鲁迅会成为一代名医，成就悬壶济世的美
名。但是千千万万中国人的心理顽疾能靠医术医治得好吗？没有他那锋
利的文学匕首，我们的国人或许还在铁屋子里阿Q着呢。可见，正是因
为在关键的时代鲁迅懂得调整自己的人生航向，所以才有了后来的"一
代文豪"。他那思想者的身影在之后的中国人的心目中被逐渐地放大，直
到伫立成了一种精神，一种永恒……

　　皮尔·卡丹小时候的理想，是当一名出色的舞蹈演员。然而，因为
家境贫寒父母根本拿不出多余的钱来送皮尔上舞蹈学校。皮尔的父母不
得不将他送去一家缝纫店当学徒工，希望他学一门手艺后能帮家里减轻
点经济负担。每天在缝纫店工作十多个小时的皮尔厌恶极了这份工作，
绝望中的皮尔突然想起了他从小就崇拜的有着芭蕾音乐之父美誉的布德
里。于是皮尔给他写了一封长信，希望拜他为师。

　　很快，皮尔收到了布德里的回信。皮尔以为布德里被他的执著打动，

答应收下他这个学生。但是信中却并没有提收他做学生的事，只是讲述了他自己的人生经历。布德里告诉皮尔，在他很小的时候，很想当一名科学家。可是因为当时家境贫穷，父母无法送他上学，他只得跟一个街头艺人过起了卖唱的日子。最后，他说，人生在世，现实与理想总是有一定距离的人，首先要选择生存。只有好好地活下来，才能让理想之星闪闪发光。一个连自己的生命都不珍惜的人，是不配谈艺术的。布德里的回信让皮尔猛然惊醒。

多年之后，皮尔·卡丹在一次接受记者的采访时说：其实自己并不具备舞蹈演员的素质，当舞蹈演员，只不过是年少轻狂的一个虚幻的梦而已。如果那时他不放弃当舞蹈演员的理想，就不可能有今天的皮尔·卡丹。

有时候，放弃是一种前进。我们或许有"被放弃的理想"，没关系，调整好自己的人生航向重新上路吧，相信不远处的梦想正等着你去实现它。

第二章

别等了,赶紧行动起来

任何伟大的目标,宏伟的计划,最终必然落实到行动上才能得到实现,行动是完成计划、奔向目标、获得成功的保证。做事应考虑充分,但时机既至,即须动手,切莫犹豫。

1. 行动才是制胜的根本

天下最可悲的事情就是后悔。许多人把不成功归结到当时没有去行动。为了避免类似的事情发生，就必须在有了创意时马上执行。行动才是制胜的根本。

德谟斯特斯是古希腊的雄辩家，有人问他：雄辩术的第一要点是什么？

他说："行动。"

第二点呢？

"行动。"

第三点呢？

"仍然是行动。"

要取得成功，不光是靠智慧，最基本的就是行动。如果自己光凭脑子想，永远不付诸行动，那么永远也不会成功。

在远古的时候，有两个朋友一起去遥远的地方，寻找人生的幸福和快乐。一路上风餐露宿，在即将到达目标的时候，遇到了风急浪高的大

河，而河的彼岸就是幸福和快乐的天堂。关于如何渡过这条河，两个人产生了不同的意见，一个建议采伐附近的树木造成一条木船渡过河去，另一个则认为无论哪种办法都不可能平安渡过，与其自寻烦恼和死路，不如等河水干了，再轻轻松松地走过去。

于是，建议造船的人每天砍伐树木，辛苦而积极地制造船只，并顺便学会了游泳；而另一个则每天躺下休息睡觉，然后到河边观察河水流干了没有。直到有一天，已经造好船的朋友准备扬帆起程的时候，另一个朋友还在讥笑他的愚蠢。不过，造船的朋友并不生气，临走前只对他的朋友说了一句话："去做每一件事不一定都会成功，但不去做每一件事则一定没有机会得到成功！"能想到等到河水流干了再过河，这确实是一个"伟大"的创意，可惜这却仅仅是个注定难以成功的"伟大"创意而已。

大河终究没有干枯，而那位造船的朋友经过一番风浪也最终到达了彼岸，依靠行动实现了自己的目标。这两人后来在河的两个岸边定居了下来，也都衍生了许多自己的子孙后代。河的一边叫幸福和快乐的沃土，生活着一群我们称为勤奋和勇敢的人；河的另一边叫失败和失落的原地，生活着一群我们称之为懒惰和懦弱的人。

这个故事告诉我们：

(1) 躺着思想，不如站起行动！

(2) 无论你走了多久，走了多累，都千万不要在"成功"的家门口躺下休息。

(3) 梦想不是幻想。

迈克尔·戴尔说："如果你认为自己的主意很好，就去试一试！"29岁的迈克尔正是以此成为企业巨子的。他如今是美国第四大个人电脑生产商，也是《财富》杂志所列500家大公司的首脑中最年轻的一个。迈克

尔是在得克萨斯州的休斯敦市长大的，有一兄一弟，父亲亚历山大是一位畸齿矫正医生，母亲罗兰是证券经纪人。三个孩子当中，迈克尔在少年时期就已显出勤奋好学、干劲十足的优势。

一次，一位女推销员上门，说要和迈克尔·戴尔先生面谈他申请中学同等学力证书的事情。于是，当时才8岁的迈克尔就向她解释说，他认为尽早把中学文凭解决掉可能是个好主意。几年后，迈克尔有了另一个好主意：在集邮杂志上刊登广告，出售邮票。后来，他用赚来的2000美元买下他的第一台个人电脑。他把电脑拆开，来研究它是怎样工作的。

迈克尔读高中时，找到了一份为报纸征集新订户的工作。他推想，新婚的人最有可能成为订户，于是雇请朋友为他抄录新近结婚人的姓名和地址。他将这些资料输入电脑，然后向每一对新婚夫妻发出一封有私人签名的信，允诺赠阅报纸两星期。这次他赚了1.8万美元，买了一辆德国宝马牌汽车。

第二年，迈克尔·戴尔进了得克萨斯大学。像大多数学生那样，他需要自己想办法赚零用钱。那时候，大学里人人都谈论个人电脑，凡没有的人都想买一台，但由于售价太高，许多人承担不起。一般人所想要的，是能满足他们的需要且又售价低廉的电脑，但市场上没有。戴尔心想："经销商的经营成本并不高，为什么要让他们赚那么厚的利润？为什么不由制造商直接卖给用户呢？"戴尔知道，IBM公司规定经销商每月必须获取一定数额的个人电脑，而多数经销商都无法把货全部卖掉。他也知道，如果存货积压过多，经销商会损失很大。于是，他按成本价购得经销商的存货，然后在宿舍里加装配件，改进性能。这些经过改良的电脑十分受欢迎。戴尔见到市场的需求巨大，于是在当地刊登广告，以零售价的八五折推出他那些改装过的电脑。不久，许多商业机构、医生诊所和律师事务所都成了他的客户。

一次戴尔放假回家时，他的父母表示担心他的学习成绩。"如果你想创业，等你获取学位之后再说吧！"他父亲劝他说。戴尔当时答应了，可是回到

奥斯汀，他就觉得如果听父亲的话，就是在放弃一个一生难遇的机会。"我认为我绝不能错过这个机会。"一个月后，他又开始销售电脑，每月赚5万多美元。戴尔坦白地告诉父母："我决定退学，自己开办公司。""你的目标到底是什么？"父亲问道。"和万国商用机器公司竞争。"和万国商用机器公司竞争？他的父母大吃一惊，觉得他太好高骛远了。但无论他们怎样劝说，戴尔始终坚持己见。终于，他们达成了协议：他可以在暑假时试办一家电脑公司，如果办得不成功，到9月他就要回学校去读书。

戴尔回奥斯汀后，拿出全部储蓄创办戴尔电脑公司。当时他19岁。他以每月续约一次的方式租了一个只有一间房的办事处，雇用了第一位雇员——一名28岁的经理，负责处理财务和行政工作。在广告方面，他在一只空盒子底上画了戴尔电脑公司第一个广告的草图。朋友按草图重绘后拿到报馆去刊登。戴尔仍然专门直销经他改装的万国商用机器公司个人电脑。第一个月营业额便达到18万美元，第二个月是26.5万美元，不到一年，他便平均每月售出个人电脑1000台。积极推行直销、按客户的要求装配电脑、提供退货还钱以及对失灵电脑"保证翌日登门修理"的服务举措，为戴尔公司赢得了广阔的市场。戴尔电脑公司鼓励雇员提出新的主意。雇员提了一个主意之后，如果公司认为值得一试，那么，即使后来证明不可行，雇员也会获得奖赏。到了迈克尔·戴尔本应大学毕业的时候，他的公司每年营业额已达700万美元。戴尔停止出售改装电脑，转为自行设计、生产和销售自己的电脑。

今天，戴尔电脑公司在全球16个国家设有附属公司，每年收入超过百亿美元，有雇员约5500名。戴尔个人的财产，早在1998年，就已达到200亿美元，被誉为"一列飞驰的金钱列车"。

戴尔的成功告诉我们：成功的根本在于行动。你应该去尝试实现自己的梦想，尝试去做你内心真正喜欢的事。行动是通向成功的惟一途径。

2. 长久的激情可以创造财富

比尔·盖茨说过："每天早晨醒来，一想到所从事的工作和所开发的技术将会给人类生活带来的巨大影响和变化，我就会无比兴奋和激动。"这句话道出了他创业的激情。

比尔·盖茨认为，只要对自己认准的事情专注去做，充满激情乐此不疲地去做，即使没有受过高等教育，即使没有完成大学学业，也能取得大的成绩，创造财富神话。

迈克尔·戴尔在创业之前，他的父母希望儿子能成为一个体面的医生。可是，戴尔到高中时便被计算机迷住了，整天把计算机的主板拆下来又装上。戴尔的父母非常伤心，告诉他，你应该用心读书，否则根本无法立足社会。戴尔却说："有朝一日我会开一家公司的。"

父母根本不相信，还是千方百计按自己的意愿培养儿子，希望他成为一位医生。不久，戴尔按照父母的意愿考入一所医科大学，可是他只对电脑感兴趣。在第一学期，他从当地零售商处买来降价处理的 IBM 电脑，在宿舍里改装升级后卖给同学。他组装的电脑的性能质量十分优良，而且价格便宜。不久他的电脑不但在学校里走俏，而且连附近的律师事务所和许多小企业也纷纷来购买。

第一学期快要结束时，戴尔告诉父母，他要退学。父母坚决不同意，只允许他利用假期推销电脑，并且下了最后通牒，如果一个夏季销售不好，必须放弃电脑。戴尔的电脑生意就在这个夏季突飞猛进，仅用了一个月的时间，他就完成了18万美元的销售额。

戴尔的计划成功了，父母很遗憾地同意他退学。戴尔组建了自己的公司，打出了自己的品牌。在很短的时间内，他良好的商业成绩引起投资家的关注。第二年（1988年），戴尔公司顺利地发行了股票，戴尔拥有1800万美元资金，那年他才23岁。

10年后，32岁的戴尔成为德克萨斯州的首富，拥有43亿美元的净资产。2011年7月，《财富》杂志发布世界500强排行榜，戴尔公司位居124位，年利润26.35亿美元，年收入为614.94亿美元。比尔·盖茨曾亲自飞赴奥斯汀向他祝贺。比尔·盖茨对他说："我们都坚信自己的信念，并且对这一行业富有激情。"

激情创造财富，行动成就梦想。梦想总是与激情为伴。有些人创富走向成功的第一步就是胸中怀有一个远大梦想，并为实现这个梦想去努力奋斗，于是他们真正成为了财富的主人。

法国有位贫穷的年轻人，经过十年的艰苦奋斗，终于成为媒体大亨，跻身于法国50名大富翁之列。1998年，他去世了。他的遗嘱刊登在当地报纸上，他说：我也曾是穷人，知道"穷人最缺少的是什么"的人，将得到100万法郎的奖赏。几乎有两万人争先恐后地寄来了自己的答案，答案五花八门，但没有人答对。

一年后，他的律师公开了答案："穷人最缺少的，是成为富人的野心!"这个谜底震动了欧美，几乎所有的富人都予以认可，说出了自己成为富人的关键所在。

拿破仑·希尔是现代成功学奠基人，世界上最伟大的励志大师。在成功之前，少年时代的希尔靠当新闻记者的收入完成了乔治市立大学法学院的学位。由于他在工作上杰出的表现，希尔获得了田纳西州州长罗伯特·泰勒的青睐，礼聘这位年方21岁的青年人去替他的杂志社撰写名人成功史。

希尔第一位要访问的，就是当时全美首富，钢铁业大王安德鲁·卡内基。希尔做梦也没有想到，这次访问是一个历史性的安排，它不只改变了希尔的一生，也改变了以后无数追求成功人士的命运。

卡内基与希尔一见如故，对这位充满工作热诚、理想与干劲的小伙子大为欣赏，百忙中抽空让希尔做了一个三小时的访问。当这一访问完成了的时候，以知人善任著名的卡内基心中已认定了这位年刚弱冠，名不经传的年轻人为衣钵传人。卡内基邀请希尔在他的巨宅中住了三天三夜，而在这段时间里面，将自己研究的成功学的秘密和盘托出。

三天三夜之后，希尔已掌握了世界上的成功秘密。但洋溢着科学求证精神的卡内基并没有就此停止，他要求希尔，用20年的时间访问全美最富有、最具盛名的500位左右人士，去证实这一成功学的可行性，去替这一秘密学问做出注脚，去将这一学问系统化，然后将这一秘密公诸于世，裨益世人。

卡内基有一声明：除了写介绍信为希尔引见这些名人，他不会在这20年的时间内对希尔作出任何经济的支持。希尔在他的演说里曾经这样说过："试想想：全美最富有的人要我为他工作20年而不给我一丁点薪酬。如果是你，你会对这建议说YES抑或NO？"

绝大部分以"实际"为务的人，面对这样"荒谬"的一个建议，肯定是会推辞掉的。但希尔信任自己的直觉，毫不犹豫地对卡内基说："卡内基先生，我接受你的建议，你可以相信我会好好的将任务完成！"

卡内基当时开怀地说："我很喜欢你回答这一问题的方式。这个责任

就托付给你了！"两个传奇人物的相遇，三天三夜的口授心传，一个一言九鼎的承诺：成功学就这样诞生了。

由于卡内基的引荐，希尔接触了不少名人。他的才华被这些大人物所赏识，从此平步青云，登上龙门。

对自己工作的热爱和激情，是一个人取得事业成功、身心愉快的最关键因素之一。激情是一种神奇的力量，它可以融化一切，创造一切。要想获得这个世界上的最大奖赏，你必须拥有过去最伟大的开拓者所拥有的将梦想转化为全部有价值的献身热情，以此来发展和展示自己的才能。

大多数人不是没有梦想，而是没有去把梦想变成现实。很多人有过梦想，甚至有过机遇，有过行动，但最终没能坚持到底。还是阿里巴巴网站创始人、首席执行官马云说得好：短暂的激情是没有价值的，长久的激情才可以创造财富。

3. 只有你的行动，决定你的价值

生命中充满了许多的机会，足以使你功成名就或一蹶不振。是否要主动争取，好好利用机会，就要看你自己的决定了，除非你付诸行动，否则你将注定平庸一生。所以，别再拖延，现在就动手吧!

有一个6岁的小男孩，一天在外面玩耍时，发现了一个鸟巢被风从树上吹掉在地，从里面滚出了一个嗷嗷待哺的小麻雀。小男孩决定把它带回家喂养。当他托着鸟巢走到家门口的时候，他突然想起妈妈不允许他在家里养小动物。于是，他轻轻地把小麻雀放在门口，急忙走进屋去请求妈妈。在他的哀求下妈妈终于破例答应了。小男孩兴奋地跑到门口，不料小麻雀已经不见了，他看见一只黑猫正在意犹未尽地舔着嘴巴。小男孩为此伤心了很久，但从此他也记住了一个教训：只要是自己认定的事情，绝不可优柔寡断。这个小男孩长大后成就了一番事业，他就是华裔电脑名人——王安博士。

在人生中，思前想后，犹豫不决固然可以免去一些做错事的可能，但也可能会错过更多成功的机遇。

很多人在决定了一件事后不敢马上去做，而是思前想后，仔细考虑

到底是不是还欠稳妥，害怕万一失败了该怎么办，甚至不相信这是个最好的决定，仔细考虑还有没有其他的决定。就这样，他一直在决定中，从来没有付诸实际，当别人都已经向前行进时，他还在原地踏步不前。这样的人就算有再聪明的头脑，再丰富的想象力，但却不能付诸实践，那又有什么用呢？

思想与行动同等重要。如果你每天都在想着做什么，而不付诸于实际行动，那只能是空想，永远也不会成功。

很多人的失败不仅仅是因为没有信心而跌倒，而且是因为不能把信念化做行动，并且不顾一切地坚持到底。

人有两种能力，思维能力和行动能力。没有达到自己的目标，往往不是因为思维能力不够好，而是因为缺乏行动能力。

我们读过这样一则古文："蜀之鄙有二僧"。

在四川的偏远地区有两个和尚，其中一个贫穷，一个富有。

一天，穷和尚对富和尚说："我想到南海去，你看怎么样？"

富和尚说："你凭借什么呢？"

穷和尚说："我有一个水瓶、一个饭钵就足够了。"

富和尚说："我多年来就想买船沿着长江而下，现在还没做到呢，你就凭这些去？"

第二年，穷和尚从南海归来，把去南海的事告诉富和尚，富和尚深感惭愧。

穷和尚与富和尚的故事说明了一个简单的道理：

光说不动是达不到目的的。

克雷洛夫说："现实是此岸，理想是彼岸，中间隔着湍急的河流，行动则是架在河上的桥梁。"行动才会产生结果。行动是成功的保证。任何

伟大的目标，伟大的计划，最终必然落实到行动上才能得到实现。

拿破仑说："想得好聪明，计划得好更聪明，做得好是最聪明又最好。"

成功开始于一个好的习惯，成功要有明确的目标，这都没有错，但这只相当于给你的赛车加满了油，弄清了前进的方向和线路，要抵达目的地，还得把车开动起来，并保持足够的动力。

你采取多大行动才会有多大的成功，而不是你知道多少，就会有多大的成功。不管你现在决定做什么事，不管你设定了多少目标，你一定要立刻行动。惟有行动才能使你成功。

现在做，马上就做，是每个有"野心"成大事者必备的品格。

有一篇仅几百字的短文，几乎世界上主要的语种都把它翻译出来了。仅纽约中央车站就将它印了 150 万份，分送给路人。

日俄战争的时候，每一个俄国士兵都带着这篇短文。日军从俄军俘虏身上发现了它，相信这是一件法宝，就把它译成日文。于是在天皇的命令下，日本政府的每位公务员、军人和老百姓，都拥有这篇短文。

目前，这篇《把信送给加西亚》已被印了亿万份，在全世界广泛流传，这对有史以来的任何作者来说，都是无法打破的纪录。

这篇短文的作者是阿尔伯特·哈伯德，文章最先出现在《菲士利人》杂志，后来被收录在戴尔·卡耐基的一本书中：

在一切有关古巴的事情中，有一个人最让我忘不了。当美西战争爆发后，美国必须立即跟西班牙反抗军首领加西亚取得联系。加西亚在古巴丛林的山里——没有人知道确切的地点，所以无法写信或打电话给他。但美国总统必须尽快与他合作。

怎么办呢？

有人对总统说："有一个名叫罗文的人，有办法找到加西亚，也只有

他才找得到。"

他们把罗文找来，交给他一封写给加西亚的信。那个叫罗文的人拿了信，把它装进一个油质袋子里，封好挂在胸口，划着一艘小船，四天以后的一个夜里，在古巴上岸，消失于丛林中，接着在三个星期之后，把那封信交给加西亚——这些细节都不是我想说明的。我要强调的重点是：麦金利总统把一封写给加西亚的信交给罗文，而罗文接过信之后，没有问题，没有条件，更没有抱怨，只有行动，积极、坚决的行动！

"只有行动赋予生命力量。"罗文为德谟斯特斯、克雷洛夫、拿破仑的话做了最好的注解。人是自己行为的总和，是行动最终体现了人的价值。

据说，在美国一个小城的广场上，塑着一个老人的铜像。他既不是什么名人，也没有任何辉煌的业绩和惊人的举动。他只是该城一个餐馆端菜送水的普通服务员。但他对客人无微不至的服务，令人们永生难忘。

他是一个聋子，他一生从没有说过一句表白的话，也没有听过一句赞美之辞，他只能凭"行动"二字，使平凡的人生永垂不朽！

"只有你的行动，决定你的价值。"这就是有雄心成大事者的秘诀！

雄心是成功的起跑线，决心则是起跑时的枪声。行动犹如跑步者全力的奔驰，惟有坚持到最后的人，方能获得成功的锦标。

4. 先付出，才能得到回报

谚语说："聪明的人，总是懂得自己先付出，然后才得到回报。"你付出了真诚，就会收获到友谊；你付出了努力，就会收获到成功。

先付出，后收获，这是大自然的法则。地里的庄稼是先播种，再浇水施肥，经过辛勤劳动后才能结出果实；炉子里的火和热量是要放进木头或煤炭，然后才会释放出来。只有先吃苦拼搏，才能品尝成功的果实。

很多成功人士的人生历程中充满了苦难和艰辛。创业之初，往往没有什么资金投入，开创者只有靠自己勤劳的双手，一点一点的积攒，此外难有别的选择。李嘉诚从当茶馆跑堂开始，王永庆16岁以卖米为生，霍英东20岁就有了南沙群岛冒险采海草的经历。

印度尼西亚富商林绍良在20世纪30年代里，还只是一个小伙计或者跑单帮，出卖劳动血汗的人。他每天必须在三更半夜，一片黑暗的时候就起身，用手工磨碎咖啡豆，然后用旧报纸分包成一盎司 (28.3克)，或者半盎司的小包，骑着单车跑到六七十公里外的三宝垄去辛苦地转售。

吴水阁从十多岁开始谋生，艰苦创业，刻苦耐劳，终于成为新加坡第五大银行老板，而且还投资到橡胶种植、棕油等行业，现在已拥有马来西亚种植股森美兰公司、印尼维基尼亚橡胶公司等。

不管是银行业，还是种植、加工业，吴水阁都勤于深入第一线。他虽然是老板，但每天上班总是比员工到得早。直到快90岁了，他仍坚持每天上班视察业务。他的这种勤劳精神在无形之中对家族成员和企业员工产生了深远的影响。

可以说，成功者都是用辛劳的汗水奠定了自己的基业。很多人只看到了名人的光彩的一面，但是他们背地里付出多少汗水和血泪又有谁知？没有任何一个人能够不付出就可以收获的。

先付出，后收获，这是不变的道理，先后顺序也不容颠倒。人的一生都在付出与得到，付出的是努力，得到的是收获。人生的每一次付出，就像在空谷当中的喊话，你没有必要期望谁能听到，但那绵长悠远的回音，就是生活对你的最好回报。

八十多年前的一个冬天，美国青年哈默随一群逃难的流亡者来到南加州沃尔逊小镇上。镇长杰克逊大叔给一批又一批的流亡者送去粥食，这些流亡者接到东西大口大口地吃起来。

但哈默没有吃，他坚持先给杰克逊大叔干点活再吃东西。杰克逊大叔告诉他，没有什么活儿可以做。哈默有点失望，他说："先生，那我便不能随便吃您的东西，我不能没有经过劳动，便平白得到这些东西！"

杰克逊大叔让他先吃过饭，然后再给他派活儿。但哈默坚持做完活儿再吃饭。杰克逊大叔十分赞赏地望着哈默，思忖片刻说："小伙子，你愿意为我捶捶背吗？"说着，就蹲在那个青年人跟前。哈默只好也蹲下来，十分认真而细致地给杰克逊大叔轻轻地捶背。

捶了几分钟，杰克逊大叔十分惬意地站起来说："好了，小伙子，你捶得棒极了，刚才我的腰还乏累不堪，可现在，它舒服极了。"杰克逊大叔说完，将食物递给哈默。哈默立刻狼吞虎咽地吃起来。

杰克逊大叔微笑着注视着哈默说："小伙子，我的庄园现在太需要人手了。如果你愿意留下来的话，那我可就太高兴了。"于是哈默留了下来，很快成了杰克逊大叔庄园里的一把好手。过了两年，杰克逊大叔把自己的女儿玛格珍妮嫁给了他。二十多年后，哈默成为美国石油大王。

不劳动不吃饭，先劳动后吃饭，先付出后收获。这就是哈默的原则，也是他成功的秘密。付出带来收获，这是人类永恒的话题。生命本身就是付出的过程，勤奋之人寻路，前程似锦；懈怠之人寻梦，海市蜃楼。努力吧，朋友！路在脚下，事在人为。

5. 行动是潜能的"挖掘机"

试试就能行，争争就能赢! 试一试，就是尝试、体验，对愿望有所行动。"一等二靠三落空，一想二干三成功"这是一句简单的谚语，却也揭示了一个道理：迈向成功需要冥思，更需要行动。

有个笑话：一个醉鬼深更半夜跌跌撞撞地往家里走，可连方向都弄错了，竟走到一片墓地里。有一家人明天要给亲人送葬，提前挖了个大深坑。醉汉一不留神掉进了坑里。他费了九牛二虎之力仍然爬不上来。正当他准备稍事休息再往上爬时，突然有人冷不防地在他肩上拍了一下，阴阳怪气地说："别费劲了，我试过了，你爬不上去的……"这一惊吓非同小可，他以为遇到了鬼，"噌!"一下子跃出坑外，撒腿跑了个无影无踪。原来拍他的人也是个掉到坑里的醉鬼。

你之所以还仅仅只是在想成功，是因为现状还没有把你逼上绝路，你还得混下去。所以你必须让自己强烈地恐惧你现在的样子，否则，长此以往，你就会像一只放在一锅冷水中的青蛙一样，终有一天难逃苦海，而变成一锅"青蛙汤"的。

决心，强烈的决心，只有你决定改变的心才能帮助你迎向成功。试

一试不同于想一想。小马过河的故事众所周知，未踏进河你将永远不知河水的深浅，做任何事都应有试一试的干劲，别因一点困难而退却，人最难得的就是能够迎难而上。鲁迅先生说过，人最可贵的是跨出第一步，坐而等待平安，等着前进，如果能够可以的话，那自然是很好的，但有些人却等到头发花白什么也没有等到，那又如何呢？有个人很懒，看着别人地里今年又是大丰收了，他美滋滋地想：要是我地里种的玉米今年是大丰收，那该多好呀！留一些吃，拿一些去卖，换来钱可以买回一条狗，买新衣，还买……可是在别人忙于耕种施肥时，他在睡觉；别人忙于锄杂草，料理地里种的庄稼时，他还是在睡觉。结果可想而知，当别人获得大丰收，他还是望着杂草丛生的田地做美梦。那句话说得好，愿望只是美丽的彩虹，行动才是浇灌果实的雨水。

试一试又要有想一想作为指导的前提。不加思索埋头苦干，那是盲目的举动；漫不经心、蜻蜓点水般地干事，那将事倍功半。俗话说，说到不如做到，但做到首先要想到，必要时还需三思而后行。成功不是拱手可得的，不是努力一次即可迈向终点的。有的同学临近考试时挑灯夜读，结果没考好，愤愤然地说："太不公平了，我都苦战几个日日夜夜了，结果才得这点分。"可是你扪心自问，平时不努力，几天的努力就能弥补以前的懒怠吗？爱迪生发明电灯，他试了多少次？熬了多少个日日夜夜？记住了："云彩有更多霞光才愈美丽，从云翳中外露的霞光，才是璀璨多彩的。"

人生的本质在于创造，而创造就是改变人生的行动。由此可见，行动即是人生目标。

内斯美是一位出色的高尔夫球选手，他通常能打出90多杆。后来他有7年时间完全停止玩球。令人惊异的是，当他再回到比赛场时，又打出了漂亮的74杆。内斯美的故事说明，如果我们期望实现目标，就必须

首先看到目标完成。内斯美没有玩球的 7 年是在与世隔绝的俘虏收容所里度过的，见不到任何人，无法做正常的体能活动。头几个月他几乎什么也没干，后来他意识到要保持清醒头脑并活下去，就得采取特别积极的措施。于是，他选择了心爱的高尔夫课程。在其心里他每天都坚持玩整整 18 个洞。他在心中打球，所花时间跟他在高尔夫球场上玩球一样长。在 7 年里，他一直在心里玩那完美的高尔夫球，从来没有一次漏打了球。

这个例子说明，一个人要想达到目标，在达到之前，心中就要"看见目标完成"。

行动会增强自信心，犹豫只会带来恐惧。克服恐惧的惟一办法就是立即行动。

跳伞的人拖得越久越害怕，就越没有信心。"等待"甚至会折磨各种专家，并使他们变得神经质。有经验的教师站在讲台上长时间不开口也会紧张得不行。著名播音员爱德华·慕罗在面对麦克风之前总是满头大汗，一开始播音以后，所有的恐惧立即"烟消云散"了。行动可以治疗恐惧，许多老演员也有这种经验，立即进入状态，可以解除全部的紧张、恐怖与不安。一般人则不了解这个道理，他们应付恐惧的常用办法就是"不做"或回避。多数推销员就经常这样，他们经常怯场，结果是越来越糟。克服恐惧的最佳办法，就是立刻就做。不管干什么事，一经决定，就立刻进入状态。

写作、绘画都需要创意、创造力。很多人都强调还没有灵感。其实，灵感必须在进入状态之后才能产生。不写、不画，不进入创作状态，哪儿来的灵感。

著名的科幻小说家雷德里克·波洛常被问到，该如何克服在写作上所遇到的种种障碍与瓶颈？他说："当发现自己陷入困境时，就先写些粗

糙的草稿。先不管它有多么粗糙、缺点多么多。之后，再回头来慢慢改写。"

"这样的方法帮了我不少的忙，使'障碍'不再无限期地延续下去。我只管硬着头皮做下去，不管想到什么可能的思路，都把它写在纸上。如果过后觉得那些东西不好，我随时都可以修改。而与此同时，我也就前进了一步。

"不要幻想自己写得确实'很精彩'。你所要做的就是把它写下来，然后，你就能有一个明确的东西，可供你去改写、修正、提高。

"这和打棒球时不同，你最多只能击球三次，就得出局。但对于写作的修正、改写，却是毫无限制的；你想击多少次就击多少次，而且或迟或早，你总会击中的。"

真正的成功者不会在一开始付出努力的时候，就希冀得到杰出的成果，或在一开始就达到十全十美。他们也不会因为害怕出差错或被人视为愚蠢、被人批评，就放弃心中的理想、目标，或拒绝去尝试新的东西。

成功者知道，如果他们不去尝试，就永远实现不了、接近不了自己的目标。他绝不会等待情绪良好、一切顺利才开始着手。因此，只要有一个不完备的计划、一个粗糙的想法、念头、草案，他们就会开始去尝试、发展、实验，并且在尝试、付出的进程中，不断地自我学习、充实，并且修正改进。

《新约·马太福音》第25章叙述耶稣带领门徒向耶路撒冷行进，一路上对门徒谆谆讲道。

耶稣坐在橄榄山上时，给门徒们讲了一个故事。

故事的主人公是一个贵族，他要出门到远方去。临行前，他把仆人召集起来，按着各人的才干，给他们银子。

后来，这个贵族回国了，就把仆人叫到身边，了解他们经商的情况。

第一个仆人说："主人，你交给我五千两银子，我已用它赚了五千两。"

贵族听了很高兴，赞赏地说："好，善良的仆人，你既然在赚钱的事上对我很忠诚，又这样有才能，我要把许多事派给你管理。"

第二个仆人接着说："主人，你交给我两千两银子，我已用它赚了两千两。"贵族也很高兴，赞赏这个仆人说："我可以把一些事交给你管理。"第三个仆人来到主人面前，打开包得整整齐齐的银子说："尊敬的主人，看哪，您的一千两银子还在这里。我把它埋在地里，听说您回来，我就把它掘了出来。"贵族的脸色沉了下来："你这又恶又懒的仆人，你浪费了我的钱!"于是夺回他这一千两，给那个有一万两的仆人，并说："凡是有的还要加给他；没有的，连他所有的也要夺过来。"

埋没钱财，就是浪费，如第三个仆人的作为；不行动，也就是潜能最大的浪费。行动是潜能的"挖掘机"。凡是大有作为的人物都不会等到精神好时才去做事，这是因为他们深谙"行动诱发行动"这个自然原理。

6. 用行动完成心动的事

成功是一种实践活动，它始于想法，成于行动。光有想法而不去干，成功就是空谈。平凡的成功者总是靠着正确的想法和行动，一步一步踏上了自己的成功之路。

在众多人当中，感觉敏锐但行动迟钝的大有人在，他们看到别人成功后会说："早在几年前我就看出这个机会了，只是没有去做。"没有去做，当然要怪自己。没有果敢的行动，一切梦想都只能化作泡影。

蔡大明是温州一个知名度相当高的鞋业公司的老板，他有一个弟弟叫蔡大亮，家住在农村。在我国刚刚改革开放之初，兄弟二人凭借南方人特有的市场敏锐力，几乎同时看到了政府的富民政策给国家带来了巨大的变化，人们开始摆脱了过去那种自给自足的生活方式，穿衣戴帽都趋向了商品化。于是，蔡大明和蔡大亮兄弟俩同时决定每人办一个制鞋厂。

蔡大明说干就干，在他做出决定后，就马上行动起来，请来了师傅，招聘了工人，买来了机器，采购了原料。不出半个月，蔡大明就把产品推向了市场。而蔡大亮则犹豫不决，行动迟缓，他想先看看哥哥干得结果如何，然后再决定是否行动。

刚开始的时候，蔡大明的制鞋厂办得并不顺利。一会儿市场打不开，产品销路不畅通；一会儿资金出了问题，周转不灵；一会儿财务人员管理跟不上，生产管理混乱；一会儿工资不能按时发放，工人生产的积极性下降，在厂里闹情绪。总而言之，几乎农民企业家创业能遇到的问题蔡大明全遇上了。看到这些，蔡大亮暗自庆幸自己明智，心想：自己幸亏没有像哥哥那样立即行动，否则也会像他那样步履艰难。

蔡大明的制鞋厂的确遇到了未曾料到的一些经营困难，这些困难是任何人创业的时候都可能遇到的。更何况蔡大明是改革开放之初第一批创业打天下的人，那时可供借鉴的创业经验也非常少，一切都要"摸着石头过河"。但蔡大明并未被困难击垮，凭着顽强的拼搏精神和灵活的头脑，克服了一个又一个困难，在一年之后，他的制鞋厂终于渡过了难关，给蔡大明一个满意的回报。

这时，看到哥哥骄人的业绩，蔡大亮则后悔不迭。他经过痛苦的思考，最终还是办起了自己的鞋厂。然而，先机已失，当蔡大亮办鞋厂的时候，全国鞋厂如雨后春笋一样在温州、石狮、青岛、成都等地出现。虽然蔡大明的鞋厂仅早办了一年，但这一年时间为他赢得了众多的客户和市场，而蔡大亮至今仍客户寥落。到2000年蔡大明已在全国建起了自己庞大的行销网络，拥有资产数亿元，而蔡大亮由于没有订单，没有自己的营销网络，他只能为哥哥的鞋厂进行加工，资产连哥哥的百分之一都不到。

这就是立即行动和迟疑不决的巨大差别。兄弟俩同时看到了机会，几乎同时做出了相同的创业决定。不同的是，蔡大明的行动准则是说干就干，蔡大亮的行动准则则是在有了八九成的把握后再动手。蔡大明的行动准则是非常积极的，尽管他的行动没有十足的把握，但他的行动本身就可以弥补行为的缺陷，因而成功率非常高；蔡大亮的行动准则表面

上看起来很稳妥，但这种稳妥往往却以失去机会作为巨大的代价。

在一百个把握机会却失败的事例中，至少有一半以上是因为做事不够果断导致的。要想把握住难得的机会，就要在机会面前果断决策、果断抓牢。我们反对做事一味地蛮干瞎干，但我们更赞成、更支持、更强调瞅准机会，有了创业设想和计划就毫不迟疑立刻行动。

能够抓住机会的人，下决心时十分果决，而且在执行过程中绝不轻易更改决定，不管外界环境如何恶劣都坚守决定。这样的人不仅能够抢占先机，而且还能创造出越来越多的机会。

7. 实现梦想要从行动开始

比尔·盖茨曾指出，虽然行动不一定能带来令人满意的结果，但不采取行动就绝无满意的结果可言。

因此，如果你有一个梦想，要实现它必须先从行动开始。

沃克臂力过人，反应也特别灵敏。他原本是一个农夫，以养牛维持生计。他26岁那年对射箭发生兴趣，一有空就到野外去猎获飞禽走兽。日久天长，射箭成为他最大的业余爱好，弓箭成为他最好的朋友。

对于沃克来说，1978年是他一生中最黑暗的岁月。一天他去搬动农机设备，突然感受到一股电击的灼热，再想收回手已经来不及了。只见眼前腾起一股青烟，一只好端端的胳膊就报废了，不得不施以手术切除。

一个四肢健全的人，突然变成了独臂者，从生活到工作，一切都得从头开始。没过多久，他就学会了单手驾驶拖拉机和操纵各种农机设备。肢缺体残，没有击垮沃克的意志，更没有打消他对射箭运动的兴趣。他还希望像正常人那样生活工作，还想一如既往地投身于运动。

经过仔细琢磨，沃克找来一块优质皮革，把它固定在只有15磅张力的儿童弓箭上。每次到场地练习，先用牙齿咬住那块皮革，再用左手把弓弦向后拉，然后对着一堆堆稻草进行实箭练习。这种姿势难度很大，一开始摸索要领，辛苦吃力自不必言，还累得他腰酸颈痛，连两腮的肌

60

肉都麻木了。

日复一日地苦练，力量越来越大，准确性越来越高。半年之后，沃克已经把弓箭的张力由15磅增至60磅。断臂一年后，他就和正常人站到一起，参加密苏里州射箭锦标赛。虽然名列倒数第一，可他并不气馁。第二年再次披挂上阵，名次跃升至第十位。1982年他第四次参加密苏里州射箭锦标赛，战胜一个又一个四肢健全的对手，自豪地站到冠军的领奖台上。

沃克一发而不可收，连年参赛连年夺魁，终于赢得了"独臂龙"的称号。密苏里州射箭协会的一位官员评价说："沃克是一位了不起的选手，敢于同全国各地两手健全的弓箭手较量，甚至击败他们。"在谈到成功的秘诀时，沃克最喜欢用的一个词，就是决心。他说："我对残疾人的忠告是，不要让伤残吓倒你。想要做什么，你就去做什么，没有什么好怕的。"

只有行动，才是你做事的起点，才能使你的幻想、你的计划、你的目标，成为一股活动的力量。行动，才是滋润你做事的食物和水。

美国杜兰大学的乔治·布尔契博士是一位极负盛名的人类专家，他指出，"结束生命最快的方法就是什么也不做。每一个人至少必须有一个兴趣，以便继续活下去。"

退休是"开始"还是"结束"，人人都有自由选择。自认为退休是有意义生活的"结束"的大部分人，很快就会发现退休也是他生命的结束。因为没有目标的生活，无所事事，很快就会使人衰老。

至于把退休当成再出发的人，境遇就会完全不同。亚特兰大一家银行原副董事长曾有这样的经历，他几年以前以银行副董事长的身份退休时，就是他开始新生活的"纪念日"。后来他成为工商顾问，通过他的努力成就非常辉煌。

现在他六十多岁了，仍旧为许多客户服务，并且经常应邀到全国各地演讲。他有很多计划，其中之一是帮助成立一个为推销员设立的社交

团体。看他神采飞扬的模样，仿佛30岁出头的小伙子，正因为他不甘心淘汰与无聊，才会有今天的成就。像这位副董事长那样对待生活的老人不会成为令人讨厌的脾气暴躁、性情乖戾的人。只有自以为太老而自怨自艾的人才会惹人厌烦。因此，积极地投入行动，只有实际行动才能保持你年轻的心态，才能成就你美好的事业。

心动只是一个念头，一种想法，而事业是做出来的。有心动的想法更需要用行动去完成。心动，目标，计划，再通过全力以赴，坚持不懈地努力落实你的行动，这样才能使你美好、心动的梦想变为现实，才能使你的美梦成真，才可以真正实现自己的人生价值，创造事业和人生的辉煌。

有两个小孩到海边去玩，玩累了，两人就躺在沙滩上睡着了。

其中一个小孩做了个梦，梦见对面岛上住了个大富翁，在富翁的花圃里有一整片的茶花，在一株白茶花的根下埋着一坛黄金。

这个小孩就把梦告诉了另一个小孩，说完后，不禁叹息着：

"真可惜，这只是个梦！"

另一个小孩听了相当动容，从此在心中埋下了逐梦的种子。

他对那个做梦的小孩说："你可以把这个梦卖给我吗？"

这个小孩买了梦以后，就往那座岛进发。他历经千辛万苦才到达岛上，果然发现岛上住着一位富翁，于是就自告奋勇地做了富翁的佣人。

他发现，花园里真的有许多茶花，茶花一年一年地开，他也一年一年地把种茶花的土一遍一遍地翻掘。

就这样，茶花愈长愈好，富翁也就对他愈来愈好。

终于有一天，他由白茶花的根底挖下去，真的掘出了一坛黄金！

买梦的人回到了家乡，成了最富有的人；卖梦的人虽然不停地在做梦，但他从未圆过梦，终究还是个穷光蛋。

人因梦想而伟大，没有梦想的人生是最枯燥乏味的人生。那些只会做梦却不去实践的人，就像那个卖梦的孩子一样，无论多么美丽的梦想都不会带来什么结果。一个人什么都可以没有，但不能没有梦想；一个人什么都可以丢弃，但不能把梦想丢了。有了梦想，立即行动，用行动来实现我们的梦想。

8.　先做后说是一种良好的习惯

人生所有的设想和计划只有付诸于行动才会有可能变为现实，不管是多么伟大的构想，如果不做就不会给自己和他人带来什么收获，所以，人生的关键就是行动。

先做，然后才能知道能不能实现自己的计划，因为在做的过程中才能发现问题，才能知道困难有多大，也才能具体地去寻找解决的办法。最后才能把想的东西变为实际存在的东西。

先做，才有发言权，没有做过什么事情的人是不知道事情的艰难，也不会有什么经验可谈的，要谈也是空洞地谈，没有什么实际的内容。做过了事情就会积累一定的经验，就会有话要说，就不会说空话，说出来的话才有说服力。

先做后说是一种良好的习惯，培养这种习惯，就会使你的人缘建立在可信可靠的基础上，你就会受到别人的喜爱；先做后说是一种美丽的行为，培养这种习惯，就会使你在做事的天平上增加了行动的砝码，会让你走向成功。

高楼大厦是由一砖一瓦垒起来的，万里长征是一步一步走过来的，所有的大事业都是由小事情一点一点发展起来的。在生活或工作中，有些人就是看不见小事情，不愿意做小事，总想干一番轰轰烈烈的大事，可是一直没有大事让他展现自己的才能，所以，常常感叹英雄无用武之地。其实这都是眼高手低，大事做不来，小事又不干的坏习惯。

你要想人生有所作为，走向成功，就必须培养从小事作起的习惯。

有一个很有才华的人，整天想着要写一本世界名著，看不上写豆腐块的小文章。结果，多年过去了，他名著没写出来，小文章也没有问世，白白地让满腹才华失去了表现机会。

相反，另一个人才能一般，但是多年来，一直写小文章，积少成多，由小变大，最后，著作等身，收获颇丰，成功实现了自己的理想。

两种人生，两种不同的结果，告诉我们：人生就是从小事上起步的，人生的丰碑就是由这些小事雕刻出来的。

当我们决定一件大事时，心里一定会很矛盾，都会面对到底要不要做的困扰。下面的实例是一个年轻人的选择，他终于大有收获。

杰米先生是个普通的年轻人，大约二十几岁，有太太和小孩，收入并不多。

他们全家住在一间小公寓里，夫妇俩都渴望有一套自己的新房子，他们希望有较大的活动空间、比较干净的环境、小孩有地方玩，同时增添一份产业。

买房子的确很难，必须有钱支付分期付款的首付才行。有一天，当他签发下个月的房租支票时，突然很不耐烦，因为房租跟新房子每月的分期付款差不多。

杰米跟太太说："下个礼拜我们就去买一套新房子，你看怎样？"

"你怎么突然想到这个？"她问，"开玩笑！我们哪有能力！可能连首付都交不起！"

但是他已经下定决心："跟我们一样想买一套新房子的人们大约有几

十万，其中只有一半能如愿以偿，一定是什么事情使另一半打消了这个念头。我们要想办法买一套房子。虽然我现在还不知道怎么凑钱，可是一定要想办法。"

下个礼拜他们真地找到了一套两人都喜欢的房子，朴素大方又实用，首付 1200 美元。现在的问题是如何凑够 1200 美元。他知道无法从银行借到这笔钱，因为这样会妨害他的信用，使他无法获得一项关于销售款项的抵押借款。

可是皇天不负有心人，杰米突然有了一个灵感，为什么不直接找承包商谈谈，向他私人贷款呢？他真的这么做了。承包商起先很冷谈，但由于杰米一直坚持，他终于同意了。他同意杰米把 1200 美元的借款按月交还 100 美元，利息另外计算。

现在杰米要做的是，每个月凑出 100 美元。夫妇两个想尽办法，一个月拟省下 25 美元还有 75 美元要另外设法筹措。

这时杰米又想到另一个点子。第二天早上他直接跟老板解释这件事，他老板也很高兴他要买房子了。

杰米说："T 先生 (就是老板)，你看，为了买房子，我每个月要多赚 75 美元才行。我知道，当你认为我值得加薪时一定会加，可是我现在很想赚点钱。公司的某些事情可能在周末做更好，你能不能答应我在周末加班，有没有这个可能呢？"

老板对于他的诚恳和雄心非常感动，真的找出许多事情让他在周末工作 10 小时，杰米一家欢欢喜喜地搬进了新房子。

杰米的成功就在于他认准了目标就行动，不想那么多，在做的过程中，遇到问题，解决问题，结果，就实现了自己的目的。

如果只说不做，就可能一直等下去，就不会有这个结果。

在社会生活中，我们都会有理想，都希望能够改变自己的生活，但是真正为这个理想去实践去做的人实在是太少了。我们把问题看得太严重了，把困难想像得太大了，因而还没有做以前，就自己把自己否定了。

其实，只要去做，困难可能肯定不会少，但是，解决困难的办法同时也不会少，而且天无绝人之路，在做的过程中，你总是会找到办法的。

9. 行动永远都不晚

高尔基有句名言："学习永远不晚。"将这个道理推而广之，追梦永远不晚，创业永远不晚，改变永远不晚，行动永远不晚。

岁月从树林走过，留下圈圈年轮。我们从尘世走过，将留下些什么呢？岁月如梭，一年一年过去了，有人有收获，也有人空白。差别在于，你是否曾经选择了开始。勇于开始，才能找到成功的路。

人生要想有所作为，就要敢想敢做。人生的失败大多在于没有想法，想得远的人走得也远，没有想法的人只能在原地踏步。有想法不去做也不行，那样会成为一个空想家，一生没有多大作为，只有遗憾。

人生在于奋斗，只要努力奋斗过，不论成功与否，我们的人生就是无憾的人生。我们应为梦想奋斗，要尽量把梦想放大，不停息地走下去，直至进入最为理想的人生境界。

努力奋斗，越早越好。张爱玲说："出名要趁早。"这句话有一定的道理。年轻是资本，青春年少，充满激情活力，正是拼搏奋斗、锻炼学习的好时候，赢得起也失败得起。年轻不奋斗，年老不享受。生命让每个人都开一次花，能不能结果，往往就取决于当你还是一朵花的时候，你付出的汗水。我们要趁年轻时多做事，不要因为虚度光阴后悔一辈子。

青年时代是人生最好的播种时期，但不是惟一的时期。很多人对自

己永远逝去的青春岁月有着无尽的惋惜和怀念，感叹自己这一生难再有作为了。其实，人生时时都可以播种，播种永远不晚。有了开始，就有成功的希望；没有开始，就永远没有成功的可能。

一年四季，都有适合的草木可以去播种。当我们错过了春的时候，我们就不应该错过夏，错过秋。人生犹如四季，不论我们现在处在何种年龄段，只要我们依然走在人生路上，那就播下希望的种子吧。

英国《卫报》上有一篇文章：居住在英国森德兰的尼克尔 4 年前死了丈夫，她突然发现自己活得孤独而无聊。有一天，她在自己工作的慈善商店里发现了一个特技跳伞的广告，这改变了她的生活，她要通过跳伞为慈善事业募捐。自从参加跳伞运动以后，她又经历了许多新的有趣的体验，包括乘直升机上天和坐豪华游艇旅行。她说："年龄不是问题，只要想做，什么时候都不会晚。"

研究许多成功人物的人生历程，我们得到这样的启示：成功不分早晚，处于各种年龄阶段的人，都可以有所作为。有些事情是与年龄无关的，少年可以老成，中年可以骁勇，老年可以壮志凌云。同样的道理，成功的秘诀绝不在于年龄。只要你有勇气迈出步子，你就有一半的机会成功。

人的一生，时时要打破"已为时太晚"的枷锁。年龄不是太晚的借口，心灵的感觉是最重要的东西。如果你到了一定年龄阶段仍然没有作为，也不必十分惊慌，不要认为自己一辈子就这样碌碌无为了，只要能时刻保持积极的心态，努力去追求你的目标，终会有事业成功的一天。

少年得志固然可贺，大器晚成依然可期。而且，大器晚成比少年得志要更稳固更有后力。在蓝调音乐的世界里，路瑟·范德鲁斯可谓是大器晚成，直到 30 岁时才发行了第一张专辑《永远都不晚》。却正如专辑的名字"永远都不晚"所表述的那样，路瑟·范德鲁斯依靠自己的勤奋和

不懈努力，很快拥有超过两千万张的唱片销售记录，成为美国最伟大的黑人男歌手之一。

无论从什么时候开始，走下去就是希望。做任何事情，都要记得"开始永远不晚"，只要我们肯去开始做，只要不放弃生活，生活就不会放弃你。为向往的目标奋斗，现在正是时候。

第三章

不自卑,相信自己是最棒的

自卑就像一条蛀虫,不断吞噬着你的人生,它是你走向成功的"绊脚石",是快乐工作的"拦路虎"。你的心态将逐渐变得消沉,你的生活也会毫无激情。所以,你要经常跟自己说:"我是最棒的,我一定能行!"

1. 成功属于自信者

相信自己是对自己的认可和支持。古人云：人不自信，谁人信之。建立自信，应该从相信自己，赏识自我做起。美国作家爱默生也曾说过："自信是成功的第一秘诀。""我也会成功"，"我能行"等积极的自我暗示，能够激起强烈的成功欲望，在战胜困难，实现目标的过程中，表现出果敢的勇气和必胜的信念。雅典奥运会男子110米跨栏金牌获得者刘翔，他越是在竞争对手实力强大的情况下，越是在紧张激烈的大赛中，越能表现出良好的心理素质，比赛成绩越优异，这正是他个人自信的充分体现。阿基米德曾经说过："给我一个支点，我就能够撬动地球。"这是多么豪迈而自信的语言。自信，能够唤醒我们沉睡的潜能。无数成功者的事实启示我们：一个人事业的成功固然有种种因素，但自信是必不可缺的条件，失去了自信将导致事业失败。

当年，门捷列夫发现元素周期律后，有些人对他的发现持反对意见，他们认为留下那么多空白就表明周期律的不合理和有矛盾，甚至连他的导师也嘲笑他不务正业。但是，门捷列夫没有因此而放弃他的科学观点。根据周期律，他科学地预言了一些当时还没有发现的元素和它们的性质。由于他的预言和后来的实验结论完全一样，所以，周期律得到了科学界

的承认并且引起广泛的重视。

像门捷列夫一样，为了证实镭的存在，居里夫人曾终日穿着沾满灰尘和污渍的工作服，在非常简陋的棚屋里，用和她差不多一般高的铁条搅动冶锅，从堆积如山的沥青矿的废渣中寻觅镭的踪迹。虽然条件极其艰苦，但她心里却充满自信。她对友人说："我们应该有恒心，尤其要有自信心！我们必须相信我们的天赋是用来做某种事情的，无论代价多大，这种事情必须做到。"最终，她获得了成功。

成功属于自信者，而自卑却是成功的绊脚石。有这样一个故事：

英国科学家弗兰克林在 1951 年发现了 DNA（人体的遗传物质的双螺旋结构），这本来是一件可获得诺贝尔医学奖的大发现，但是由于他生性自卑，不敢确信自己的发现是正确的。直到两年后，沃林与克里克两位科学家也发现了 DNA 的双螺旋结构，他们坚信自己的发现，并获得了1962 年的诺贝尔医学奖。我们真为弗兰克林感到惋惜。如果他自信一些，敢于承认自己和肯定自己，我想弗兰克林这名字会载入医学生物学史册。自卑真的害人不浅。

每个人或多或少都会有自卑感，这是很正常的。个人自卑感的形成则是受个人环境的影响。对于一个人的童年的经历，弗洛伊德认为，对一个人性格、志趣、生理状况、思维方式等方面产生重大影响，也正是这些因素决定了一个人自卑的强烈程度。他认为童年经历可能会随着时光的流逝而变得模糊，但却保存在潜意识中，对人的一生都有重大影响。一般来讲，更容易产生自卑感或自卑感更强烈的人都是在童年经历过生活不幸的人。

成功者之所以成功，不是因为他没有受到过消极因素的干扰，而他们成功的原因就在于他们能够用意志和适当的科学方法摆脱它们的干扰，跳出阴影地带。由此可见，成功永远属于自信者，自卑者与成功无缘。那么，怎么才能让自卑者树立自信呢？下面是几招重新树立自信的方法。

（1）真实地评价自我

不要妄想十全十美，摆脱完美主义的束缚，清楚自己的长处和不足，以一种平和的态度对待自己。或许你在这方面不如别人，但人无完人，别人或许在另一方面不如你。在过高的要求无法实现的时候，失败感自然就会产生，自卑心理也不可避免。

（2）转移注意力

当你充分认识到自己的不足后，就不要把注意力始终停留在自己的短处上。如果你停留的时间越长，黑色的阴影就越重。体现你的人生价值，发挥你的长处，更能让你肯定自我，从而克服自卑的心理。

（3）心理治疗

如果你的自卑感很强，就会成为一种心理疾病，此时需要通过心理医生来进行治疗，一般的自我心理调节可能作用不是很大。

（4）主动找回自信

一个人产生自卑的另一个原因，是遭受挫折和失败。这样的人应主动找一些简单并且比较容易成功的事情做，逐渐增强自信心。自信多一点儿，自卑就相应地减少一点儿。

（5）补偿法

主要通过自己努力奋斗，在某一方面取得一定成就来补偿生理上的缺陷或心理上的自卑感。这是一种最常见最有效的方法，伟大的音乐家贝多芬就是一个很好的例子，在听觉完全丧失的情况下，他仍克服困难创作了著名的《第九交响曲》。

2. 永远不要自认卑微

经常听到有人这样说："我有点自卑，我很不相信自己。"这样一讲，就已显得底气不足，如果再面临强大的对手，只有落荒而逃的份儿。

一个自信的人在面对强大的对手时，他绝对不会说："我不自信!"相反，他常会说："我是最好的! 我是最棒的! 我是最优秀的!"久而久之，他真的成了最棒、最好、最优秀的了! 因为他以此为目标，不断地朝着这个目标前进，所以，他才不会犹豫和退缩，他才不会回头!

尽管你职务不高，薪水不多，可是，离开了工作岗位，你和别人一样，都是平等的，没有什么不同。永远不要自认卑微。对任何人，都用一样的态度，而不必谄媚，不必刻意讨好。对任何人都不卑不亢，你就是你，你不比任何人矮一截，大家在人格上都是平等的。

贫穷并不可怕，地位低些也没关系，这些都是外在的，是可以凭自己的努力改变的，或者说得极端些，不改变又怎么样呢? 每个人有每个人的生活方式，只要不妨碍别人，不对不起别人，穷些苦些又怎么样呢? 但如果一个人自轻自贱，那就麻烦了，也就没有救了。一个自轻自贱的人，就算他的财富怎么多，地位怎么高，人家仍会觉得你有缺陷，仍会觉得你需要改变。当我们说一个人没有出息的时候，主要的不是说他没有成家立业，没有取得成就什么的，而是指那个人自轻自贱，自己打自己耳

光，自己看不起自己，自己不给自己脸面。

而自轻自贱的"孪生兄弟"，就是自卑。奥地利心理学家奥威尔在《自卑与人生》中说："自轻自贱的人，必定是自卑的人；或者说，自卑的人，必定是自轻自贱的人。"所谓自卑，就是拿别人的优点和自己的缺点作比较时得到的那种感觉，是一种自己感觉低人一等的惭愧、羞怯、畏缩，甚至灰心丧气的情绪。有自卑感的人，常常轻视自己，总认为自己无法赶上别人，并因此而苦恼。

一个人为什么会自卑，会自轻自贱呢？美国心理学家的研究表明，儿童时期如果各项活动取得成绩而得到老师、家长及同伴的认可、支持和赞许，便会增强他们的自信心和求知欲，内心会得到一种快乐和满足，就会养成一种勤奋好学的良好习惯。相反，他们会产生一种受挫感和自卑感。这就是说，自卑感的形成主要是社会环境长期影响的结果。

每个人都可以选择一条适合自己的路，人的成才道路是相当宽广的。当你取得了一定成绩之后，还会继续发现自己有不如他人之处。所以，时时知不足是有利于促进自己进步的。但若老是自卑不已，悲观泄气，则是有害无益的。

当然，最重要的是能够进行正确的自我评价。每个人都有自己的长处和短处。俗话说，"尺有所短，寸有所长"，"金无足赤，人无完人"。如果只看短处不看长处，或者夸大短处缩小长处，都会形成自卑感。苛求自己没有短处，这是不可能的。有时，某些短处甚至还很难弥补，如身体的缺陷便是如此。积极的态度是扬长避短，以"长"补"短"。这一方面不行，也许另一方面比别人强。比如，盲人阿炳，虽然他失去了视觉，但却拉得一手好二胡，他不就是靠听觉和触觉来体验、创造生活的吗？当认识到自己的短处时，可以设法弥补，或选择更适合自己的途径发挥自己的长处，自卑的心理也就没有立足之地了。

有这样一则故事：

阿明是一位高考失利的青年。他感到非常失意，于是就骑着自行车去大堤上散心，一不小心，车子歪了下去，差点撞着坐在堤下的一个老人。他向老人表示了歉意后并没有马上离开，而是坐到了老人身边。那是一个春天的上午，阳光明媚，清风徐来。草绿了，花开了，那些花儿，在远远近近的绿草间像星星一样闪烁。很多老人、孩子在草地里徜徉，花丛中漫步，也像春天的阳光一样灿烂。只有这位青年感到自己是个例外。

那时候，失意就像春天的草一样在阿明的思想里蓬蓬勃勃。很长一段时间以来，他看见一片落叶，便伤感，觉得自己也是一片落叶；他看见一片落花，也伤感，觉得自己是一片落花；看见流水，还是伤感，觉得自己的生命就在这平平淡淡中像水一样流逝了。

阿明的失意被老人看出了，老人跟他说起话来。老人说："年轻人，怎么能这样无精打采呢?"阿明当时手里正缠着一根草，在老人问过后，他举了举那根草说："我这辈子将像这根草一样平凡。"老人只是静静地看着他，没做声。在老人的注视下他说了起来，他说："我是一个很不幸的人，初中时因一场病休学一年。此后，学习成绩一直很差，勉强读了高中后，又没考上大学。"他又继续说："我这一辈子将在平凡中度过，一个连大学都没上过的人，肯定是一个平凡的人。但我不甘心，我从小就立下志愿，一定要让自己的人生辉煌，我想成为一个不平凡的人。"说到这里，他流泪了，他心里装不下太多的失意，那些失意像汹涌的洪水，终于找到了决口。

听了他的话，老人开口说："你知道你手里拿的是什么草吗?""不知道。""它是蒲公英。""这就是蒲公英吗，我常在诗人笔下见到它，可它也很普通呀!"他说。"你没看见它开着花吗?""看见了，一种小花，毫不起眼。""是不起眼，但它也可以辉煌。""在诗人的笔下?""不。"老人摇了摇头，注视着他。

老人过了一会站了起来说："我带你去看一个地方吧！"听从了老人的话，他也站了起来。他随后跟着老人沿着那条堤往远处走去。大约走了二十几分钟，他看见了一个足以让他一生都为之震撼的景致：那是一块很大很大的河滩，有几十亩甚至上百亩大，无边无际的蒲公英布满了整个河滩。蒲公英开花了，那些原本毫不起眼的黄黄白白的小花，在阳光下泛着粼粼波光，那样烂漫，那样美丽，那样蔚为壮观，那样妖娆，炫目辉煌。一朵小花，也可以这样辉煌吗？阿明再没说话，就那样伫立着，起风了，花儿轻轻地向他涌来。他心里一下子飘满了那些美丽的蒲公英，忽然觉得自己也是一朵蒲公英了！

从那以后，阿明的眼里一直烂漫着那漫无边际的蒲公英，他仿佛从那里看见了自己。他同时也深深懂得了平凡的人生也可能充满着不平凡的道理。

是的，对于人的一生来说，一种充实有益的生活，本质并不是竞争性的，一个人不必把夺取第一看得高于一切，它只是个人对自我发展和幸福美好的生活追求而已。那些每天一早来到街头公园练健美操、练武打拳、跳迪斯科的人们，那些只要有空就练习书法绘画、设计剪裁服装和唱戏奏乐的人们，根本不在意别人对他们的姿态和成果品头论足，也不会因有人挑剔或没人叫好就情绪消沉、停止练习。他们的主要目的不在于参赛获奖、当众展示，而是自有收益、自得其乐，满足自己对生活美和艺术美的渴求。

3. 一定要拥有自强的个性

如果你想改造自己、进行自我管理，提高某方面的修养，你就应首先认识自己，了解自己，根据实际的可能和自身的条件，使自己的长处得到发挥。这样，你就会感到自己并不比别人笨，你有不如别人的地方，别人同样有不及你的地方。自信心便会由此产生并不断增强。

人生最大的损失，除了丧失人格之外，就要算失掉自信心了。

春天来了，一个农民伯伯听到两粒种子躺在土壤里对话。

"我要努力拱出地面，并且将根深深扎进土壤里；我要'出人头地'，让自己在大自然中迎风摇摆，大声歌唱生命的高贵。让我在有限的生命里得到阳光和雨露的爱护，虽然最终我会在秋天枯萎，但我的一生活得很充实。"第一粒种子说。

"我没你那么勇敢。如果我用力向地面上钻，这可能会伤到我脆弱的茎心；如果我向土壤里深深扎根，可能会碰到坚硬的石头；如果幼芽长出来，恐怕会被昆虫吃掉；我若开花结果，只怕小孩子会将我连根拔起。一想到这些，我想我还是待在土壤里面最安全。其实，长出来也没什么大意思，反正最终都会死的。"第二粒种子说。

听完两颗种子的对话后，农夫对第一粒种子充满了信心，对它格外辛勤护理，使其茁壮生长。对第二粒种子却失去了信心，疏于管理，最后，第二粒种子刚露出地面就逐渐枯萎了。

其实，农民就是你自己，两颗种子代表了你的两种心态，两种选择。

人生就是一次无法回头的旅行，"不敢冒险就是最大的风险"，它将使危险加速而至。

如果你充满勇气和自信，就会在有限的生命里尽情享受人世间的快乐，像第一颗种子那样；如果你缺乏自信和勇气，你就会像第二颗种子那样渐渐老去，直至枯萎。

一定要相信你自己，不要一遇到困难和挫折，就随随便便地放弃自己，作出妥协，相信你内心深处所确定的东西。

缺乏自信是一件非常可怕的事，它会让你丧失许多成功的机会，浪费你宝贵的时间，甚至会激活那些可能伤害到你的情感，把你击垮。

有一位很有经验的自我潜能开发者，她辅导过许多对自我能力有怀疑的人，他们在生活、家庭、感情上都出现过问题。下面是这位自我潜能开发者的辅导心得：

"我有一个发现：一般我们所认定的'名人'，他们有部分人，具有超乎常人的意志力。他们在接受训练时，大都能够达到预期的效果。"

也许是这些名人受了"盛名"的影响，具有高度的好胜心及荣誉心，所以比较容易实现目标。

你是否是家中不可缺少的一员？你是朋友中"励志话语"的宝库吗？下雨天时，你是不是可以帮助身边的陌生人过马路？你是否觉得自己是一个重要的人物？

你是重要的！所以你的坚强对这个世界非常地重要。

在一部纪录片中有这样的场景：

在非常贫穷的南美洲，有一些酗酒、吸毒、流浪街头的孤儿，他们的堕落是为了忘记忧郁、忘记饥饿的生活；而这些小孩生下来的小小孩，有些被搁置在医院，他们大都身体状态不佳，甚至虚弱到无法行走的地步。

医疗人员正拿着玩具在一个小孩面前晃。这个小孩已经五岁了，还不会走路。

大多数人看到这部纪录片时，都是热泪盈眶的。挫折、沮丧、跌倒，是每一个正常人都害怕的事，但对这些孩子而言，却是奢望。如此的对比之下，你是不是该自立自强，无恨生命中的每一次跌倒？

你一定拥有自强的个性，请让上天给予你智慧，看穿所有困难障碍背后的"福分"；要不，就请你给你自己一点"压迫"，让自己瞬间自强起来。

4. 你就是你自己

我们每个人都是世界上独一无二的，你没必要按照别人的眼光和标准来评判甚至约束自己，你就是你自己，你无须总是效仿他人。最重要的一点是保持自我本色。

在加利福利亚，有一位伊丝·欧蕾太太。她从小就很容易害羞，她的身体有些胖，再加上一张圆圆的脸，使她看起来显得更胖了。她的妈妈非常守旧，认为伊丝·欧蕾太太无须穿得那么体面漂亮，只要宽松舒适就行了。所以，她一直穿着那些朴素宽松的衣服，从没参加过什么聚会，也从没参与过什么娱乐活动。即使上学以后，也不与其他小孩一起到户外去活动。因为她怕羞，而且已经到了无可救药的程度，她常常觉得自己与众不同，不受人的欢迎。

伊丝·欧蕾太太长大以后，嫁给了一个比她大好几岁的男人，但她害羞的性格依然如故。婆家是个自信、平稳的家庭，他们的一切优点似乎在伊丝·欧蕾太太身上都无法找到。生活在这样的家庭之中，她总想尽力做得像他们一样好，但就是做不到。家里人也想帮她从禁闭中解脱开来，但他们善意的行为反而使她更加封闭。渐渐地，伊丝·欧蕾太太变得紧张易怒，躲开所有的朋友，甚至连听到门铃声都感到害怕。她知

道自己是个失败者，但她不想让丈夫发现。于是，她总是在公众场合试图表现得十分快活，甚至有时表现得太过头了，于是事后她又非常沮丧。因此，她的生活中没有了快乐，她看不到生命的意义，最终她只好想到自杀……

伊丝·欧蕾太太后来并没有自杀，那么，是什么改变了这位不幸女子的命运呢？竟然是一段偶然的谈话！

欧蕾太太在一本书中这样写道：这一段偶然的谈话改变了我的整个人生。

有一次，婆婆给大家讲起她是如何把几个孩子带大的。她说："无论发生什么事，我都坚持让他们秉持本色。""秉持本色"这句话像黑暗中的一道闪光，一下照亮了我。我终于从困境中明白过来——我一直原来在勉强自己去充当一个不大适应的角色。我整个人一夜之间就发生了改变，我努力寻找自己的个性，并开始让自己学会秉持本色，尽力发现自己究竟是一个什么样的人。我开始观察自己的特点，注意自己的外表、风度，挑选适合自己的衣服。我开始广泛结交朋友，加入一些小组的活动。第一次他们安排我表演节目的时候，我简直吓坏了。但是，我每开一次口，就增加了一点勇气。过了一段时间，我的身上终于发生了变化。现在，我又重新感觉到了快乐，这是我以前做梦也想不到的。此后，我把这个经验告诉给孩子们，这是我经历了多少痛苦才学习到的——无论发生什么事，都要秉持自己的本色！

我们选择什么，我们就会成为什么样的人，只要我们找到了我们适当的地方，我们就能克服一切的困难，实现自己的目标。但这一切都需要勇气。

我们可以把周围的人作为评估自我意象的一个标准。我们会接近那些用我们自认应得的方式来对待我们的人。一个自我意象健康的人，会

要求周围的人尊重他；这种人善待自己，并且让身边的人表示，这就是他希望被对待的榜样。

如果你觉得自己很差劲，就会容忍所有的人践踏你、贬视你。你心里只有诸如此类的念头："我根本不算什么"、"都怪我"或"我总是受这种待遇，说不定是我罪有应得。"

你也许要问："我能忍受这样多久？"

答案应是："看你会轻视自己多久。"

一般情况下，别人只是根据我们对待自己的方式来对待我们。跟我们交往的人，很快就会知道我们是否尊重自己。只要我们尊重自己，别人就会如法炮制。假设你负责照顾一个只有几个月大的婴儿，在给他喂食的时候，你是否会无条件地哺喂这个婴儿？你当然会！你不会说："听着，小鬼！除非你做些聪明有趣的事，或者你坐起来，给我数100个阿拉伯数字，或逗我笑，否则就不给你奶吃！"你喂孩子是因为他值得你爱他、照顾他、好好待他，是因为他该喂。他值得这一切，因为他跟你一样，是人类的一分子。

你也值得这样的对待，你自出生以来就具备这样的资格，现在也依然未变。世上有太多人以为，除非自己又聪明又英俊，领有高薪，而且比所有认得的人擅长运动、谈吐幽默，否则就不配受人爱与尊重。

你值得让人爱，让人尊重，只因为你是你自己。

很多人都很少想到自己真正的内在美与内在的力量。记得有这样一部爱情片，剧中男主角和女主角同甘共苦，为生活而奋斗时，我们为他们祷告，希望一切都顺利。她离开家庭，他去从军。当他返乡时，她却不见了。他找到她，她的家人却要赶他走，她也要赶他走，而我们一直都希望他们能永远快乐地生活在一起。落幕时，他们终于结了婚，手牵手漫步在夕阳下。我们擦干眼泪，漫步走出电影院。

看这类电影时我们会伤心、会流泪，因为我们真心关怀。我们会受

伤、会爱，每个人都拥有一颗最美、最真、最单纯的心，这份心情埋藏有多深，要视一个人所受伤害有多深而定，但它确实存在于每个人的心里。

我们看到世界各地灾难或饥荒的新闻报道，内心都不由得感到痛楚。每个人对于如何帮助这些受苦的人，都有不同的主张，但每个人都一样地关心。这就是人性。

5. 带着信念勇往直前

"信念，是抱着坚定不移的希望与信赖，奔赴伟大荣誉之路的热烈感情。"这是卢梭的名言。的确如此，大千世界，古今中外，不管是一个人、一艘船、一支球队，或是一个组织，要创业、要前进、要干一番惊天动地的伟业，要实现奋斗目标，就要坦然面对困难与挫折，并在坚强信念的支撑下勇敢地战胜各种困难、风浪和艰险，最终一定能乘长风破万里浪，驶向成功的彼岸。

乔治·赫伯特是美国的一位推销员，他在2001年5月20日，成功地把一把斧子推销给了小布什总统。布鲁金斯学会得到这个消息后，把刻有"最伟大推销员"的一只金靴子赠予了他。这是自1975年以来，该学会的一名学员成功地把一台微型录音机卖给尼克松后，又一学员登上如此高的门槛。

它以培养世界上最杰出的推销员著称于世。布鲁金斯学会有一个传统，在每期学员毕业时，设计一道最能体现推销员能力的实习题，让学生去完成。他们在克林顿当政期间，出了这样一个题目：请把一条三角裤推销给现任总统。八年以来，有无数个学员为此绞尽脑汁，可是，最后都无功而返。布鲁金斯学会在克林顿卸任后，把题目换成：请把一把

斧子推销给小布什总统。

很多学员鉴于前八年的失败与教训，都放弃了争夺金靴子奖。甚至有个别学员认为，这道毕业实习题会和克林顿当政期间一样，不会有什么结果，因为现在的总统什么都不缺少，再说即使缺少，也用不着他们亲自购买。

让人想不到的是，乔治·赫伯特没有花多少功夫就做到了。一位记者在采访他的时候，他是这样说的：将一把斧子推销给小布什总统是完全可能的，我认为。因为在得克萨斯州，布什总统有一个农场，里面长着很多树。于是，我给他写了一封信，说：有一次，我有幸参观您的农场，发现里面长着许多大树，有些已经死掉，木质已变得松软。您一定需要一把小斧头，我想，这种小斧头显然太轻，对于您现在的体质来看，因此您仍然需要一把不甚锋利的老斧头。现在我这儿正好有一把这样的斧头，很适合砍伐枯树。如果您有兴趣的话，请按这封信所留的信箱，给予回复……他最后就给我汇来了 15 美元。

乔治·赫伯特成功后，布鲁金斯学会在表彰他的时候说，已空置了26 年的金靴子奖，在这 26 年间，数以万计的推销员从布鲁金斯学会毕业了，我们造就了数以百计的百万富翁，这只金靴子之所以没有授予他们，是因为我们一直想寻找这么一个人，这个人不因某件事情难以办到而失去自信，不因有人说某一目标不能实现而放弃。

不因为某件事情难以办到而失去自信，不因为有人说某一目标不能实现而放弃，这是布鲁金斯学会寻找的人才，同样也是各行各业所需要的人才。在我们走向成功的道路上，我们只要具备这种自信的精神和坚强的毅力，就一定能够像乔治·赫伯特那样取得巨大的成功！

6. 重新建立你的自信

世界上有很多的失败者，只因他们没有坚强的自信力。他们所接近的也无非是犹豫怯懦、心神不定之辈，他们永无决定事情的能力，三心二意；他们自身明明有着一种成功的要素，却被自己活生生地推了出去。

每一个人都应养成沉着冷静，永不气馁的品格，任何人都应永远保持一种希望无穷的气魄、一副亲切和蔼的笑容，一种必能战胜任何突然袭来的逆浪的自信力和决心。他们应该不轻易发怒，不懊恼、不急躁，更不应该遇事迟疑不决，这些良好的品性，往往比焦心忧虑更容易解决许多困难。

喷泉的高度是无法超过它的源头的，同样的道理，一个人做事也是一样，他的成就绝不会超过自己所相信的程度。假如你知道自己的力量确能愉快地战胜困难，你已经有了适当的发展基础，就不要再有丝毫动摇，应该立刻拿定主意，即使你遭遇一些困难和阻力，也千万不要想到后退。

你现在无论处于一种什么地步，最可贵的自信力千万不要失去！你应该昂起的头，切勿被困难压下去；你坚决的心，切勿向恶劣的环境屈服。你要做环境的主人，而不是环境的奴隶。你应无时无刻不在向着目标迈进，无时无刻不在改善你的境遇。你应该坚决地说：你全身的力量已经

足以完成那件事业，绝不会有人来把你的这股力量抢了去。你应该从自己的个性改起，养成一种坚强有力的个性，把曾被你赶走的自信力和一切因此丧失的力量重新挽救回来。

有很多人对事业曾经失去过信心，但最后还是重新建立了自信，挽回了事业。我们应该保存这种价值连城的成功之宝，正如应该争取高贵的名誉一般重要。

诺贝尔的成功就充分说明了这一点。

诺贝尔在圣彼得堡第一次见到了硝化甘油。当时，一个名叫西宁的教授拿硝化甘油给诺贝尔父子看，并放在铁砧上锤击，受锤击的部分立即发生爆炸。这引起了诺贝尔极大的兴趣。西宁教授说，如果能想出切实的办法，使它爆炸，在军事上将大有用处。从此以后，年轻的诺贝尔就对此念念不忘，力求完成这一发明。

经过长期思考和实践，诺贝尔认识到，要使硝化甘油爆炸，必须把它加热到爆炸点或以重力冲击。寻求一种安全的引爆装置，这正是诺贝尔为自己确定的课题。1862年初夏，在圣彼得堡的实验室里，诺贝尔进行了第一次探索性的试验。他先把硝化甘油封装在玻璃管里，再把玻璃管放进装满火药的锡管里，然后装进导火管。装好以后，诺贝尔兄弟三人一起来到水沟旁，将导火管点燃，丢入水中，结果，地面震动，水花四溅，爆炸力远大于一般火药，这说明硝化甘油与火药都已爆炸了。这是一次用较多的火药引爆较少的硝化甘油的试验，它的意义在于第一次发现了引爆硝化甘油的原理。

从此以后，诺贝尔努力寻求硝化甘油爆炸的引爆物。这种引爆物的用量，当然应该远小于硝化甘油，才有实际意义。他经历了无数次的失败，但仍然以顽强的毅力坚持试验，以至于就连他的父亲和哥哥都嘲笑他"固执"。

一次，以为已经找到了引爆硝化甘油办法的诺贝尔，满怀信心地进行试验。他用一只装满火药的小玻璃管，与导火索接好后，浸入装有硝化甘油的容器内，点燃后，像一个放爆竹的孩子一样，他期待着轰然一声巨响。但是，玻璃管内的火药爆炸却未引燃硝化甘油。现在看来，这次失败可能是偶然的。引爆硝化甘油并不困难。然而，在历史上诺贝尔确曾走过这样的弯路。可贵的是，他遭到失败却仍然不急躁，不灰心。又经很多次反复试验和细致分析，他终于发现没有爆炸的原因，原来是由于玻璃管口没有封紧，没有产生足以使硝化甘油爆炸的冲击力和温度，火药不能炸碎玻璃管。于是，他用蜡将管口封死，终于获得了成功。

1868年2月，瑞典科学会授予诺贝尔父子金质奖章，奖励老诺贝尔用硝化甘油制造炸药的长期努力，奖励爱佛莱·诺贝尔首次使硝化甘油成为可以用于工业的炸药。

于是，诺贝尔给自己制定了新的目标，试制一种兼有硝化甘油的爆炸威力和猛炸药的安全性能的新品种。没过多久，坚结的胶质炸药和柔软的可塑性极好的胶质炸药相继问世。这种炸药的爆炸效力高，价钱又比较便宜。它比硝化甘油有更大的爆炸力，而又具有更大的稳定性，点燃不至爆炸，浸水不会受潮。于是，胶质炸药很快在瑞士、法国、意大利的爆破工程中被广泛采用，盛行起来。

由于发明了硝化甘油炸药的引爆装置，诺贝尔因此获得了巨额财富。

诺贝尔在他生命的最后几年，曾先后立下过三份内容非常相似的遗嘱。第一份立于1889年，第二份立于1893年，第三份则立于1895年，最后存放在斯德哥尔摩一家银行，也就是要以它为准的最后遗嘱。在诺贝尔的遗嘱中，他将价值瑞典币三十余亿克朗的财产，部分赠予亲友，大部分留作基金，以基金的利息作为奖金，每年颁发一次，给予在化学、物理、文学、生理和医学方面有贡献的人以及有效地促进国际亲善，废除或裁减常备军，对促进和平事业有贡献的人。受奖人不受国籍限制，

这就是自 1901 年起颁发的举世闻名的诺贝尔奖金。

诺贝尔是一个具有丰富想象力的人。在各个科学技术领域，他都以进取的姿态竭力发挥自己的才能。他往往同时从事几种研究，用他自己的话来说："我的工作是间歇的，我将一件事放下，过一阵子又重新做起。我差不多经常这样。不过，凡是我认为可以得到最后成功的事，我总回过头去做好。"

诺贝尔就是这样，以顽强的意志和毅力，不怕困难，不怕失败，最终取得了成功。

7. 放弃信心就等于承认失败

在"运气"这个词的前面应该再加上一个词，就是"勇气"。相信运气可支配个人命运的人，总是在等待着什么奇迹的出现。人生的法则就是信念的法则。这种人只要上床稍稍躺一下，就会梦见挖到金矿或者是中了大奖；而那些不这样想的人，就会依据个人心态的趋向为他自己的未来去不断努力。

依赖运气的人们经常牢骚满腹，只是一味地期待着机遇的来临。至于获得成功的人，他们觉得只有信念才能左右命运，因此他们只相信自己的信念。

如果在别人看来不可能的事，当事人能从潜在意识去认为"可能"，也就是相信可能做到的话，而从潜意识中激发出极大的力量来，事情就会按照那个人信念的强度如何来进展。这时，即使表面看来不可能的事，也能够做到了。

信心就是相信自己的理想，自信就是相信自己的能力，从而达到自己的理想。信心就是把有限生命的脆弱性与无限生命中的精神坚强性糅合在一起，从而产生一种内在的无比巨大的力量，以便于我们可以无休止地走下去，一直要达到自己理想的目的地才终止。有了自信心，就有了战胜困难的勇气；有了自信心，才能在最佳心态下去从事前人没有从

事过的伟大事业。

如果一个人放弃了信心，就等于放下了手中的武器，而甘认失败。

在哈佛大学，一位教授主持了这样一个有趣的实验，实验对象是三群学生与三群老鼠。

教授对第一群学生说："你们很幸运，你们将和天才小白鼠同在一起。这些小白鼠相当聪明，它们会到达迷宫的终点，并且吃许多干酪，所以要多买一些喂它们。"

接下来，教授告诉第二群学生说："你们的小白鼠只是普通的小白鼠，不太聪明。它们最后还是会到达迷宫的终点的，并且吃一些干酪，但是它们的能力与智能都很普通，不要对它们期望太高。"

教授最后告诉第三群学生说："这些小白鼠是真正的笨蛋。如果它们能找到迷宫的终点，那肯定是意外。它们的表现或许很差，我想你们甚至不必买干酪，只要在迷宫终点画上干酪就行了。"

在接下来的六个星期里，三组学生都在精心地从事实验。天才小白鼠就像天才人物一样地行事，它们在短时间内很快就到达了迷宫的终点。那群"普通小白鼠"也到达了终点，但是在这个过程中并没有任何速度记录被写下。至于那些愚蠢的小白鼠，就更不用说了，它们都有真正的困难，只有一只最后找到迷宫的终点，那可以说是一个明显的意外。

有趣的是，事实上根本没有所谓的天才小白鼠和愚蠢小白鼠之分，它们都是同一窝小白鼠中的普通小白鼠。这些小白鼠的成绩之所以不同，是参加实验的学生态度不同而产生的直接结果。简而言之，学生们因为听说小白鼠不同而采取了不同的态度，而不同的态度导致不同的结果。小白鼠懂得态度，但是学生们并不懂得小白鼠的语言，因而态度就是语言。

"自信人生二百年，会当水击三千里。"这是毛主席曾说过的。自信是事业成功的第一秘诀。梁启超也曾说过："凡任天下大事者，不可无自信心，每处一事，既看得透彻，自信得过，则以一往无前之勇气赴之，以百折不挠之耐力持之。虽千山万岳，一时崩溃而不以为意。虽怒涛惊澜，蓦然号于脚下，而不改其容。"由此可见，自信心对于一个有雄心想成就大事业的人来说是多么重要啊！

随着社会的发展和进步，人的自我存在价值与自我改造社会的作用越来越显示出巨大的力量，信心与自信成为成功的先决条件。大禹三过家门而不入，带领民众治理河道；轩辕大帝在风吹草团滚动前进的启示下造出了车轮；愚公移山不止的精神，都蕴藏着要使事业成功的强大自信与敢于向大自然挑战的信念。

古今中外，成大事者没有一个是缺乏信心的懦夫之辈。秦皇汉武，唐宗宋祖，都充分表现出天之骄子的自信。卢纶对李广将军那镇定自若、箭出虎倒的气势描写道："林暗草惊风，将军夜引弓。平明寻白羽，没在石棱中。"李贺对秦王那不可一世的气魄作诗云："秦王骑虎游八极，剑光照空天自碧。"李广、秦王虽不属同一类型的历史人物，但是他们在中国历史上的卓著战绩中都拥有扭转乾坤与力挽狂澜的自信。

我们要拥有自信，必须正确认识自我，提高自我评价。李白在《将进酒》中写道："天生我材必有用。"即是说，我能生临人世间，必定是人世间需要我，我能发挥出对人世有益的作用，甚至能做出一定的贡献。

经常有这样一些人，他们在一帆风顺的条件下，信心百倍，慷慨陈词。可是一遇到逆境便如霜打秋荷一般，萎靡不振。须知："战胜自己的自卑和怯弱，是对事业的最好祝福。"在逆境中，应该"手提智慧剑，身披忍辱甲"，更需要励精图治，更需要有自信。

那些充分相信自己的人，那些勇敢而有创造力的人，永远是能够成就大事业的人，他们敢于想人之所不敢想，为人之所不敢为。至于那些

沉迷于卑微信念的人，不敢抬头要求优越的人，卑微以殁世，自然要老死窗下。普通平凡的人，因为他们没有发现自己沉睡着的"神圣潜能"，而不能把它唤醒，安然于普通平凡之中，从而失去了人人是英雄豪杰的自信力。英雄豪杰之士就有所不同，他们有崇高的目标，远大的理想，宏大的意志，强大的信心，昂首阔步，积极向上，永远向前，永不屈服，坚持着要发展自己的生命力，才创造出无限的伟大的奇迹来。

8. 走自己的路不后悔

有人说做人不难做自己最难，也有人说做事容易做人难，其实做自己也不难，走自己的路不后悔，总比从别人嘴里东听一点西听一些，支离破碎地拼出自己的形象容易，过自己想过的生活，人生就不会浪费。

《伊索寓言》中有这样一则故事：一个小孩子和一个老头儿用一头驴子驮着货物去赶集。赶完集回来，老头儿跟在后面，孩子骑在驴上。路人见了，都说让老年人徒步，这孩子真不懂事。孩子听了连忙下来，让老头儿骑上。于是旁人又说老头儿怎么忍心，让小孩子走路，自己骑驴。老头儿听了，把孩子又抱上来一同骑。骑了一段路，不料看见的人都说他们残酷，两个人骑一头小毛驴，把小驴都快压死了，两人只好都下来。可是人们又都笑他们是呆子，有驴不骑却走路。老头儿听了，对小孩子叹息道："没法子了，看来我们只剩下一条路：两个人扛着驴子走吧!"

故事中的老头儿正是因为不能坚持自己的原则，总是被路人的言行所左右，最终落得个左也不是，右也不是，从而不知所措，徒增烦恼。

我们每个人都不是孤立存在的个体，一言一行总会对周围的人，周围的世界产生一定的影响，也就必然会受到来自周围世界的评论。这些

评论可能是非难，也可能是褒扬。但不论是非难还是褒扬，都有公正与歪曲、理解与不理解的成分所在。所以，对于这些评论，不能一概地接受。

生活中有很多人做起事情来就像上述故事中所讲的老头儿和孩子，一件事想做得面面俱到，谁有意见，就听谁的，别人叫他怎么做，他就怎么做。可是面面俱到的结果呢？却是没有人满意，反而将自己置于无所适从的境地。

任何人都不可能做到面面俱到，既想讨好每一个人，又想不得罪每一个人，那是绝对不可能的。因为我们不可能顾及到每一个人的面子和利益，你认为顾及到了，别人却不一定这么认为，甚至有的人根本不领情。另外，每一个人对同一件事的感受和看法都有所不同，你让这个人满意，就会令那个人不满意。你做得面面俱到的结果最后只有两种可能：要么被人捏住软肋，任人摆布；要么自己累得半死。

我们与其这样，何不明智一点，快乐地做我们自己。按照自己的意愿去做人做事，我们就不必费心掩饰自己，不必勉强改变自己。这样，就能多几分心灵的舒展，少一些精神的束缚，就能少一点不必要的烦恼，多几分人生的快乐与轻松。

相反，如果忘记了"我是谁"，经常逼迫着去改变自己，戴着面具去应付人生，所有的烦恼就会接踵而至。

爱默生在散文《自恃》中说：

"每个人在受教育的过程当中，都会有段时间确信：物欲是愚昧的根苗，模仿只会毁了自己；每个人的好坏，都是自身的一部分；纵使宇宙充满了好东西，不努力你什么也得不到；你内在的力量是独一无二的，只有你知道自己能做什么。"

刚开始拍电影的时候，导演让查理·卓别林模仿德国当时一名著名的喜剧演员，可他表演得一直都不出色，直到找准了属于他自己的戏路，才成为举世闻名的喜剧大师。在欧文·柏林与乔治·葛希文两人相识的时候，柏林已经是比较有名望的作曲家，而葛希文还仅是个每星期只能赚 35 块钱的无名小卒。柏林愿付 3 倍的价钱聘请他为音乐助理，因为他非常欣赏葛希文的才华。但后来柏林却说：假如你秉持本色努力奋斗下去，你会成为一个一流的葛希文；"你最好别接受这份工作，否则你可能会变成一个二流的柏林。"听了柏林的忠告，葛希文牢记在心，他开始努力奋斗，最终成为美国当代著名的音乐家。

因此，我们应该把自己的禀赋发挥出来，应庆幸自己是世上独一无二的。不管是好是坏，你都应耕耘自己的园地；不管是好是坏，你都应弹起生命中的琴弦。

只要做你自己，你便是快乐的。

9. 脱掉伪装，潇洒地做自己

想要符合所有人的期望，势必失去某些人的尊敬，没有任何人可以取悦所有的人。

美国著名影星玛丽莲·梦露就是最具代表性的例子。因身为偶像明星，她必须努力维持大家喜爱的特定形象。然而这些形象并非真实的梦露，都是电影塑造出的魅力。于是，她为了维持这个形象，必须经常服用安眠药，导致精神衰弱，最后竟落得自杀殒命的悲剧而收场。

其实梦露的无奈，不就是许多人的心境写照吗？

明明想爱，却裹足不前；明明不想做，却牺牲自己以迎合别人；明明伤心，却仍要强装笑脸；明明满心愤怒，却不敢以真面目示人。

比利乔在《陌生人》这首歌中，生动地描述了我们是如何隐藏自己的——

我们都有脸，

却将它们永远藏起来；

等大家都走光，

我们才把脸拿出来，

留给我们自己看……

如果一个人戴惯了面具后，就无法分清楚哪一个才是真正的自我。等到找回自我的时候才发现，在重重叠叠的伪装下，自我早已消失殆尽。

请问问自己，是否为了维护形象而压抑内心真实的感受，是否觉得自己很虚伪、很人工、很表面。请比较自己在别人面前的表现，与内心真正的感觉之间的差异。

其实生活中，获得幸福的最有效的方式就是潇洒地做自己，脱掉伪装。

人生活在这个世界上，事实上，不管你做得有多好，都无法取悦所有的人。人活在世界上，所追求的应当是自我价值的实现以及对自我的珍惜。不过值得注意的是，一个人是否实现自我并不在于他比别人优秀多少，而在于他在精神上能否得到幸福的满足。只要你能够得到他人所没有的幸福，那么，即使表现得不高明也没有什么。在这方面，珍妮的做法就很值得学习。

有一天下午珍妮正在弹钢琴时，7岁的儿子走了进来。孩子听了一会说："妈，你弹得不怎么高明吧？"

是的，是不怎么高明。任何认真学琴的人听到她的演奏都会退避三舍，不过珍妮并不在乎。这么多年来，珍妮一直这样不高明地弹，弹得很高兴。

珍妮也喜欢不高明的歌唱和不高明的绘画。以前，她还自得其乐于不高明的缝纫，后来做久了终于做得不错。珍妮在这些方面的能力不强，但她不以为耻。因为她不是为他人而活，她认为自己有一两样东西做得不错，其实，任何人能够有一两样做得不错就应该够了。

"啊，你开始织毛线了，"一位朋友对珍妮说，"让我来教你用卷线织法和立体织法来织一件别致的开襟毛衣，织出12只小鹿在襟前跳跃的图

案。我给女儿织过这样一件。毛线是我自己染的。"珍妮心想，她为什么要找这么多麻烦？做这件事只不过是为了使自己感到快乐，并不是要给别人看以取悦别人的。直到那时为止，珍妮看着自己正在编织的黄色围巾每星期加长5～6厘米时，还是自得其乐。

我们从珍妮的经历中可以看出，她生活得非常幸福，而这种幸福的获得正在于她不为了向他人证明自己是优秀的，而有意识地去索取别人的认可。改变自己一向坚持的立场去追求别人的认可并不能获得真正的幸福，这样一条简单的道理并不是每个人都能在内心接受它，并按照这条道理去生活。因为他们总是认为，那种成功者所享受到的幸福就在于他们得到了我们这个世界大多数人的认可。

一只小猫在追逐它自己的尾巴时，被另一只大猫看到，于是大猫问道："你为什么要追逐你自己的尾巴呢？"小猫回答说："对一只猫来说，我了解到，最好的东西便是幸福，而幸福就是我的尾巴。因此，我追逐我的尾巴，一旦我追逐到了它，我就会拥有幸福。"大猫说："我的孩子，我曾经也注意到宇宙的这些问题，我曾经也认为幸福在尾巴上。但是，我注意到，无论我什么时候去追逐，它总是逃离我，但当我从事我的事业时，无论我去哪里，它似乎都会跟在我后面。"

这则寓言说明了一个问题，那就是，幸福无需寻求他人的认可，幸福完全是一种个人的感受。

10. 用自信点亮成功的心灯

坚定不移的积极心态是突破自我限制，是化思考为力量的源泉，创造新人生境界的原动力。我们的人生有了积极的心态，就为我们的前程点亮了一盏成功的心灯。

查尔斯是美国学者。他12岁那年一个细雨霏霏的星期天下午，他在纸上胡乱画，画了一幅菲力猫，它是大家所喜欢的喜剧连环画上的角色。于是，他把画纸拿给了父亲。当时他这样做有点不太妥当，因为每到星期天下午，父亲就拿着一大堆阅读材料和一袋无花果独自躲到他自己的房间里，关上门去忙他的事，他不喜欢被别人打扰。

但今天比较例外，父亲不但没有生气，而且还把报纸放到了一边，仔细地看着这幅画。"非常棒，查克，这画是你徒手画的吗?""是的。"父亲认真打量着画，点着头表示赞赏，查尔斯在一边激动得全身发抖。父亲很少鼓励他们五兄妹，几乎从没表扬过他。他把画还给查尔斯，说："在绘画上你很有天赋，坚持下去!"从那天起，查尔斯看见什么就画什么，把练习本都画满了，但他对老师所教的东西却毫不在乎。

后来，父亲离开家以后，查尔斯只有自己想办法过日子，并时常给父亲寄去一些他自己认为比较不错的素描画，并眼巴巴地等着父亲的回

信。父亲很少给他回信，但当他回信时，其中的任何表扬都让查尔斯兴奋几个星期，他相信自己将来一定会有所成就。

美国经济大萧条时期是他最困难的日子，父亲去世了，除了福利金，查尔斯没有别的经济收入，他17岁时被迫离开了学校。由于受到父亲生前话语的鼓励，他画了三幅画，画的都是多伦多枫乐曲棍球队里声名大噪的"少年队员"，其中有琼·普里穆、哈尔维、"二流球手"杰克逊和查克·康纳彻，并且在没有约定的情况下把画交给了当时多伦多《环球邮政报》的体育编辑迈克·洛登。第二天，迈克·洛登便雇用了查尔斯。在接下来的四年里，查尔斯每天都给《环球邮政报》体育版画一幅画。那是查尔斯的第一份工作。

到了55岁时，查尔斯还没写过小说，他也没打算这样做。在向一个国际财团申请电缆电视网执照时，他才有了这样的想法。一个在管理部门的朋友当时打电话来，说他的申请可能被拒绝，突然面临着这样一个问题，查尔斯心想："今后我该怎么办？"查阅了一些卷宗后，查尔斯偶尔用十几句潦草的字体，写下了一部电影的基本情节。在办公室里，他静静地坐了一会儿，思索着是否该把这项工作继续下去，最后他拿起话筒，给小说家、他的朋友阿瑟·黑利打了个电话。

"阿瑟，"查尔斯说，"我有一个非常大胆的想法，我准备写一部电影剧本。我怎样才能把它交到某个经纪人或制片商，或是任何能使它拍成电影的人手里？"

电话那头的阿瑟·黑利说："查尔斯，这条路成功的机会几乎等于零。即使你找到某人采用了你的想法，并把它拍成电影，我猜想你的这个故事梗概所得的报酬也不会很大。你确信那真是个不同寻常的想法吗？"

"是的。"查尔斯坚定地说。

阿瑟·黑利接着说："那么，如果你确信，哦，提醒你，你一定要确信，为它押上一年时间的赌注，把它写成小说。如果你能做到这一点，

你会从小说中得到收入，如果很成功，你就能把它卖给制片商，得到更多的钱，这是故事梗概远远不能做到的。"

放下话筒，查尔斯开始问自己："我有写小说的天赋和耐心吗？"他沉思了一会儿，对自己越来越有信心。他开始自己进行调查、安排情节、描写人物……为它赌上了一年还要多的时间。

很快，一年零三个月的时间过去了，小说终于写完了。这部小说在加拿大的麦克莱兰和斯图尔特公司，在美国的西蒙公司、舒斯特和艾玛袖珍图书公司，在大不列颠、意大利、荷兰、日本和阿根廷均得到出版。后来，小说被拍成电影——《绑架总统》，由威廉·沙特纳、哈尔·霍尔布鲁克、阿瓦·加德纳和凡·约翰逊主演。从此以后，查尔斯又陆续写了五部小说。

假如我们有自信，我们就会获得比你的梦想多得多的成功。

我们经常能见到这样的人，他们总是对自己所处的环境不满意，由此产生了苦恼。例如，一个学生没有考上理想的学校，觉得自己比不上别人，很自卑。于是，也不努力学习了，整天心不在焉地混日子。

有些人不满意自己的工作，认为自己职位低、赚钱少，比不上别人。心里又是自卑，又是消沉，整天懒洋洋的，做什么事情都打不起精神来。于是，工作经常出错，上司不喜欢他，同事也认为他没出息。如此一来，他就越来越孤独，越来越被单位的人排挤，越来越远离快乐和成功。

我们会发现，大多数成功者都有一个显著特征，就是他们无不对自己充满了极大的信心，无不相信自己的力量。而那些没有做出多少成绩的人，其显著特征则是缺乏信心。正是这种信心的丧失，使得他们卑微怯懦、唯唯诺诺。

我们要坚定地相信自己，绝不容许任何东西动摇自己有朝一日必定事业成功的信念，这是所有取得伟大成就人士的基本品质。古今中外，

很多推进了人类文明进程的伟人，开始时都落魄潦倒，并经历了多年的黑暗岁月。在这些落魄潦倒的黑暗岁月里，别人看不到他们事业有成的任何希望。但是他们却毫不气馁，兢兢业业、始终如一地刻苦努力，因为他们相信终有一天会柳暗花明。

想一想这种充满希望和信心的心态，对世界上那些伟大的创造者的作用吧！他们在光明到来之前，在枯燥无味的苦苦求索中煎熬了多少年！要不是他们的希望、信心和锲而不舍的努力，成功的时刻也许永远不会到来。信心是一种思想上的先见之明，是一种心灵感应。

美国前足联主席的戴伟克·杜根，说过这样一段话："你认为自己被打倒了，那么你就是被打倒了；你认为自己屹立不倒，那你就屹立不倒；你想胜利，又认为自己不能，那你就不会胜利；你认为你会失败，你就会失败。因为，环顾这个世界成功的例子，我发现一切胜利，皆始于个人求胜的意志与信心。你认为自己比对手优越，你就是比他们优越；你认为比对手低劣，你就是比他们低劣。因此，你必须往好处想，你必须对自己有信心，才能获取胜利。在生活中，强者不一定是胜利者；但是，胜利迟早属于有信心的人。"

信心是使我们走向成功的第一要素。换句话说，当我们真正建立了自信，那么我们就已开始步向事业的辉煌。

11. 坚信自己一定能成功

成功是人生的发展目标，它意味着许多积极、美好的事物。人人都希望成功，每个人都想获得一些美好的事物。每个人都希望自己是自己人生的主宰，没有人喜欢巴结别人，过一种平庸的生活，也没有人喜欢自己被迫进入某种状态。

"坚定不移的信心能够移山"，是人生最实用的成功经验。在我们的生活中，真正相信自己能移山的人并不多，而真正移山的人就更少了。

虽然我们无法靠希望实现自己的目标，更无法靠希望移动一座山。但只要我们有信心，我们就能移动一座山。只要我们相信自己能成功，我们就会赢得成功。

也许你会说，我很勤奋，但就是对自己缺乏信心，不相信自己能够成功。的确，这是一种消极的力量。当你心里不以为然或怀疑时，就会想出各种理由来支持你的"不相信"。怀疑、不相信，潜意识要失败的心理倾向以及不是很想成功的心态，都是失败的重要原因。

一家日本味精公司的社长对全体工作人员下达了"成倍地增长味精销售量，不管什么意见都可提，每人必须提一个以上建议"的命令。

于是，营业部门考虑营业部门的建议，宣传工作琢磨宣传工作的，

生产部门打算生产部门的，大家纷纷提出销售奖励政策、引人注目的广告、改变瓶子的形状等等方案。

然而，一位女工却因为提不出任何建议而苦恼。她本想以"无论如何也想不出"为由而拒绝参加，但考虑到这是社长的命令，并且言明不管什么建议都可以，所以她觉得拿不出建议有些不合适。

她陷入了无比的苦恼之中。有一天晚饭时，她想往菜上撒调味粉，由于调味粉受潮而撒不出来，她的儿子不自觉地将筷子捅进瓶口的窟窿里，用力往上搅，于是调味粉立时撒了下来。

女工的母亲也在一旁看着，她突然对自己的女儿说："如果你提不出社长让提的建议，你把这个拿去试试看。"

"这个?!"

"把瓶口开大呀！"

"这样的提案！"女工本来有些不以为然，但是又没有其他建议可提，于是就提出了把味精瓶口扩大一倍的提案。

审核的结果出来了，让大家没有想到的是，女工提出的建议竟进入15件得奖提案之中，领得奖金3万日元。而且此提案付诸实施后，销售额倍增，为此，社长又破例给女工颁发了特别奖。

受宠若惊的女工想："出主意，出主意，原来以为很难，没料到这样的提案竟然也得了奖。像这样的提案，一天能提上两三个。"

上面事例中的这位日本女工，与其说是通过这次的提议获得了3万日元的奖励，还不如说通过这次提议而获得了一种自信心。我们可以设想，等以后公司再有这样的活动时，这位日本女工绝对不会再说自己没有任何提议了，她会成为一个提议专家。说不定她会因此而成为一个成功的人。

人的自信心就是如此重要，它会使一个普普通通的人成为一个事业

有成者。

那么，在生活中，如何培养自己的自信心呢？

在开会、聚会等场合，我们要专挑前面的位子坐。可能我们已经注意到，在上述场合，后面的位子总是最先被坐满。大部分占据后排座位的人，都希望自己不会太显眼，而他们怕受人注目的原因就是缺乏自信心，坐在前排能建立我们的信心，我们可以把它当成一个规则试试看，从现在开始就尽量往前排坐。坐前排是比较显眼，但成功又何尝不是一种显眼呢？

练习用我们的目光正视别人。眼睛是心灵的窗户，一个人的眼神可以透露出许多有关他精神世界的信息。面对一个不敢正视你的人，你可能就会想：他想隐瞒什么呢，他怕什么呢，他会对我不利吗？如果你不正视别人，你的眼神就意味着：在你旁边我感到很自卑；我感到我不如你；我怕你。而如果总是躲闪别人的眼神则更糟，它通常告诉别人：我怕一接触你的眼神，你就会看穿我；我做了或想了我不希望你知道的事情；我有罪恶感。但是，如果我们正视别人，就等于告诉他：我很诚实，而且光明磊落，正所谓"君子坦荡荡"。

把你走路的速度加快25％。心理学家认为，懒散的姿势、缓慢的步伐会对你自己、对工作以及对别人的不愉快感受产生一定影响。但是，姿势和速度可以改变，你可以借着这种调整来改变你自己的心理状态。如果你仔细观察会发现，身体语言是心灵活动的结果。那些屡遭打击、被排斥的人，连走路都拖拖拉拉，完全没有自信心。所以，使用这种加快25％的方法，抬头挺胸走会好一点，你就会感到你的自信心在滋长。

经常练习当众发言。在日常生活中，你会发现，有很多思路敏捷、天资很高的人，却无法发挥他们的长处参与讨论，不是他们不想参与，而是因为他们缺少信心。尽量当众发言，就会增加信心，下次发言就更容易一些。所以，从现在开始，你不要放过任何一个发言的机会，不要

怀疑自己，你的发言的确很精彩。

经常性地放声大笑。笑是医治信心不足的一副良药，它能给自己很实际的推动力，不仅如此，笑还可以化解别人的敌对情绪。放声大笑，我们会觉得好日子又来了。现在，我们就放声大笑一次，然后体会一下其中的滋味。

第四章

大胆点，人生能有几回"搏"

没有敢为天下先、勇于承担风险的胆略，任何时候都成不了大业。大凡成功人士，都有着敢闯敢试敢干的过人胆略。

1. 尝试是成功的第一步

人，自知手的握力有限，所以发明了老虎钳；知道拳头的打击力有限，所以发明了榔头。

铁丝网是一个牧羊人发明的。他本来是用光滑的铁丝围成篱笆管理羊群，后来看见有些羊从篱笆缝里钻出来，就把铁丝剪成段，在接头的地方做出刺来。这样相当有效。

螺丝钉是一项重要的发明，但是当螺丝钉第一次出现的时候，螺丝帽上没有那一道"沟"，是后来为了旋转方便，有人又加上了一条"沟"，再后来又有人更进一步发明了电动旋转器，来节省旋转螺丝钉所消耗的时间。这就是一件发明越来越完善的过程。

今天的世界比起 100 年前不知进步了多少，只要人类不停地积极去尝试，世界就一定还能够继续进步，将来的世界就会比现在还好。试想，如果百年前的人类骄傲自满，停止尝试，哪里还会有今天这样先进的文明呢？

在这个世界上，人拥有着无限的创造力量，也拥有着无限的创造才能。这些创造最初都是始于尝试。因为经历了尝试——人类无数次的尝试，才有了今天这么多的辉煌成果。所以只要我们拿出勇气去尝试，就能不断发现出新的领域，创造出新的奇迹。不要为已有的新奇现象所迷

惑，也不要为日常例行的工作所催眠，时常在工作和生活中提醒自己：我还能发现什么奥秘？就是这一念头，我们才不会在今天推独轮车、点菜油灯。

在生活中，我们为人处事时也是一样，当我们决定去做一件事时，一定要放弃踌躇、犹豫。与其蹉跎岁月还不如大胆地拿出勇气去尝试。

美国探险家约翰·戈达德15岁的时候，只是洛杉矶郊区一个没见过世面的孩子，他把自己一辈子想干的大事列了一个表。他把那张表题名为"一生的志愿"。表上列着："到尼罗河、亚马孙河和刚果河探险；登上珠穆朗玛峰、乞力马扎罗山和麦特荷恩山；驾驭大象、骆驼、鸵鸟和野马……"每一项都编了号，一共有127个目标。

当戈达德把梦想庄严地写在纸上之后，他就开始抓紧一切时间来实现它们。16岁那年，他和父亲到了乔治亚州的奥克费诺基大沼泽和佛罗里达州的埃弗格莱兹去探险。这是他首次完成了表上的一个项目，他还学会了只戴面罩不穿潜水服到深水潜泳，开拖拉机，并且买了一匹马。20岁时他已经在加勒比海、爱琴海和红海里潜过水了。他还成为一名空军驾驶员，在欧洲上空做过33次战斗飞行。他21岁时已经到21个国家旅行过。22岁刚满，他就在危地马拉的丛林深处发现了一座玛雅文化的古庙。同一年他就成为"洛杉矶探险家俱乐部"有史以来最年轻的成员。接着他就筹备实现自己宏伟壮志的头号目标——探索尼罗河。戈达德26岁那年，他和另外两名探险伙伴来到布隆迪山脉的尼罗河之源。紧接着尼罗河探险之后，戈达德开始接连不断地加速完成他的目标：1954年他乘皮筏漂流了整个科罗拉多河；1956年探查了长达2700英里的刚果河；他在南美的荒原、婆罗洲和新几内亚与那些食人生番、割取敌人头颅作为战利品的人一起生活过；他爬上阿拉特峰和乞力马扎罗山；驾驶超音速两倍的喷气式战斗机飞行；写成了一本书《乘皮艇下尼罗河》；开始

担任专职人类学学者之后，他又萌发了拍电影和当演说家的念头，在以后的几年里他通过讲演和拍片为他下一步的探险筹措了资金。

将近60岁时，戈达德依然显得年轻、漂亮，他不仅是一个经历过无数次探险和远征的老手，还是电影制片人、作家和演说家。戈达德已经完成了127个目标中的106个。他获得了一个探险家所能享有的荣誉，其中包括成为英国皇家地理协会会员和纽约探险家俱乐部的成员。沿途他还受到过许多人士的亲切会见。

戈达德在实现自己目标的征途中，有过18次死里逃生的经历。他说："这些经历教我学会了百倍地珍惜生活，凡是我能做的我都想尝试。"

他指出，差不多每个人都有自己的目标和梦想，但并不是每个人都能去努力实现他们。"检查一下你的生活，并向自己提出这样一个问题是很有好处的：'假如我只能再活一年，那我准备做些什么?'我们都有想要实现的愿望，那就别延宕，从现在就开始做起!"

约翰·戈达德的故事，再次佐证了一句谚语："敢于尝试，是成功的第一步。"

虽然，尝试并不等于成功在握，但是不敢尝试或不去尝试却绝对预示着成功无望。因为无论多么可喜的成功，它的第一步往往都踏在试试看的跳板上。其实我们现实生活中的许多障碍都是无形中所置的。

一条小河，你不敢过，因为你猜想它深不可测；演讲会上，你不敢慷慨陈词，因为你认为自己口拙舌钝；危险时刻，你想伸出援助之手，又犹豫对方是否真正需要自己的帮助；遇到机会，你被眼前困难所阻挡而不肯抓住，让机会流失……无论做什么，首先阻挠的就是你自己。

试试看，或许小河只没过膝盖；试试看，你可以一举成为出色的演讲家；试试看，你的帮助或许是雪中送炭；试试看，如果抓住机遇你可能会成就一番大事业；试试看，你或许就会感到几许安慰，因为你的生

活中再没有遗憾，没有后悔；相反，你会因此而正视自己，重塑自我!

当然，也并不是说，什么事情都非要去尝试不可，说到底，这其实是一个人生态度的问题。不同的人生态度，会有不同的人生色彩；不同的人生选择，会有不同的人生道路。拿出勇气去尝试，会让你离成功更近一步。

2. 敢想，更要敢做

行动就是力量，惟有行动才可以改变你的命运。十个空洞的幻想不如一个实际的行动。我们总是在憧憬，有计划而不去执行，其结果只能是一无所有。成功，一定是敢想，而且更要敢做！

有一个幽默大师曾说："每天最大的困难是离开温暖的被窝走到冰冷的房间。"他说得不错。当你躺在床上认为起床是件不愉快的事时，它就真地变成一件困难的事了。即使这么简单的起床动作，亦即把棉被掀开，同时把脚伸到地上的自动反应，都可以击退你的决心。

那些有雄心成大事的人都不会等到精神好的时候才去做事，而是推动自己的精神去做事的。

"现在"这个词对成功的妙用无穷，而用"明天"、"下个礼拜"、"以后"、"将来某个时候"或"有一天"，往往就是"永远做不到"的同义词。有很多好计划没有实现，只是因为应该说"我现在就去做，马上开始"的时候，却说"我将来有一天会开始去做"。

我们用储蓄的例子来说明好了。人人都认为储蓄是件好事。虽然它很好，却不表示人人都会依据有系统的储蓄计划去做：许多人都想要储蓄，只有少数人才能真正做到。

这里是一对年轻夫妇的储蓄经过。毕尔先生每个月的收入是1000美元，但是每个月的开销也要1000美元，收支刚好相抵。夫妇俩都很想储蓄，但是往往会找些理由使他们无法开始。他们说了好几年："加薪以后马上开始存钱"、"分期付款还清以后就要……"、"渡过这次困难以后就要……"、"下个月就要……"、"明年就要开始存钱"。

最后还是他太太珍妮不想再拖下去。她对毕尔说："你好好想想看，到底要不要存钱？"他说："当然要啊！但是现在省不下来呀！"

珍妮这一次下决心了。她接着说："我们想要存钱已经想了好几年，由于一直认为省不下，才一直没有储蓄，从现在开始就要认为我们可以储蓄。我今天看到一个广告说，如果每个月存100元，15年以后就有18000元，外加6600元的利息。广告又说：'先存钱，再花钱'比'先花钱，再存钱'容易得多。如果你真想储蓄，就把薪水的10%存起来，不可移作他用。我们说不定要靠饼干和牛奶过到月底，只要我们真的那么做，一定可以办到。"

他们为了存钱，起先几个月当然吃尽了苦头，尽量节省，才留出这笔预算。现在他们觉得"存钱跟花钱一样好玩"。

想不想写信给一个朋友？如果想，现在就去写。有没有想到一个对于生意大有帮助的计划？马上就开始。时时刻刻记着本杰明·富兰克林的话："今天可以做完的事不要拖到明天。"这也就是我们中国俗话所说的："今日事，今日毕。"

如果你时时想到"现在"，就会完成许多事情；如果常想"将来有一天"或"将来什么时候"，那就会一事无成。

下面几点建议可能会对你有所帮助。

（1）不要等到条件都完美了才开始行动

如果想等条件都具备了才开始行动，那很可能永远都不会开始。因为总是会有些事情不是那么好。

（2）做一个实干家

要实践，而不只是空想。你想开始实践吗？你有没有好的创意？今天就行动起来吧。一个没被付诸行动的想法在你的脑子里停留得越久越会变弱。过些天后其细节就会随之变得模糊起来。几星期后你就会把它全给忘了。

（3）记住，想法本身不能带来成功

想法是很重要，但是它只有在被执行后才有价值。一个被付诸行动的普通想法，要比一打被你放着"改天再说"或"等待好时机"的好想法来得更有价值。

（4）用行动来克服恐惧、担心

条件成熟是成功的前提，但这并不是说，我们等条件成熟了才能行动。坐等其成，只能虚度时光。

其实，芸芸众生中，真正的天才与白痴都是极少数，绝大多数人的智力都相差不多。然而，在走过漫长的人生道路后，有的人成就显著，有的人却碌碌无为。这本是智力相近的一群人，为何他们的成就却有天壤之别呢？原来，有"野心"的人士与平庸之辈最根本的差别并不在于天赋，也不在于机遇，而在于有无人生奋斗目标！有没有实现目标的行动！对于那些没有目标没有行动的人来说，岁月的流逝只意味着年龄的增长，平庸的他们只是在日复一日、年复一年地重复自己。

3. 勇于承担是一种美德

勇于承担，是世界各大企业最重视的员工素质。美国一位著名的富翁曾经说过："当我们竭尽全力，尽职尽责时，不管结果如何，以勇于承担的态度对待工作的人，都成了赢家。"

从人生的开始到一个人离开这个世界，责任伴随着人们生命的始终，无论是对家庭、对工作的责任，还是对社会、对生命的责任，人类每时每刻都要履行自己的职责。

勇于承担责任是一个人的美德，也是一个人取得成就的前提。勇于承担能够让一个人具有最佳的精神状态，精力旺盛地投入工作。责任感对一个人一生具有重要影响，勇于承担乃是一个人事业成功的关键。

吉米和杜克是同一家公司的两名职员，他们俩工作一直都很认真，也很卖力。上司也对这两名员工很满意，可是一件事却改变了两个人的命运。

有一次，吉米和杜克一同把一件很贵重的古董送到码头。没想到送货车开到半路却坏了。

因为公司里规定：如果不按规定时间送到，他们要被扣掉一部分奖金。于是，力气大的吉米，背起古董，一路小跑，终于在规定的时间赶到了码头。这时，心存小算盘的杜克想，如果客户看到我背着邮件，把

这件事告诉老板，说不定会给我加薪呢！于是杜克说："让我来背吧，你去叫货主。"

当吉米把邮件递给他的时候，他一下没接住，古董掉在了地上，"哗啦"一声碎了。他们都知道古董打碎了意味着什么，没了工作不说，可能还要背负沉重的债务。果然，老板对他俩进行了十分严厉的批评。

杜克趁着吉米不注意，偷偷来到老板的办公室对老板说："老板，不是我的错，是吉米不小心弄坏了。"

老板把吉米叫到了办公室。吉米把事情的原委告诉了老板。最后说："这件事是我们的失职，我愿意承担责任。另外，杜克的家境不太好，他的责任我愿意承担。我一定会弥补我们所造成的损失。"

他俩一直等待着处理的结果。一天，老板把他们叫到了办公室，对他们说："公司一直对你俩很器重，想从你们两个当中选择一个人担任客户部经理，没想到出了这样一件事，不过也好，这会让我们更清楚哪一个人是合适的人选。我们决定请吉米担任公司的客户部经理。因为，一个能勇于承担责任的人是值得信任的。杜克，从明天开始你就不用来上班了。"

老板最后说："其实，古董的主人已经看见了你们俩在递接古董时的动作，他跟我说了他看见的事实。还有，我看见了问题出现后你们两个人的不同反应。"

杜克推卸责任落得个失业的下场。你也会像他一样不敢承担责任，害怕灾难降临吗？但是你的不负责任决定了你被淘汰的结果。灾难就是喜欢不敢承担责任的人，老板就是喜欢敢于承担责任的人。如果你曾经为自己担当责任而感到沉重和压力重重，那么我告诉你，你还没有正确地理解责任的含义。责任意味着勇气、坚强、爱和无私。当你有勇气承担责任时，你正在给予别人爱和无私。难道你不为自己所做的一切感到骄傲吗？如果你有勇气，就把曾经放弃的责任重新捡拾起来，你不会被人嘲

笑，而只会得到他人尊敬的。如果你有勇气，就别放弃正压在你身上的责任。如果你能再坚持一下，你就可能获得成功。

朱逸群是一个从美国留学回来的年轻建筑师，他回国后找工作非常顺利，很快便进入一家大型建筑公司任职。有一次，他的公司在香港有一个房地产项目，由他来担任主任建筑师。项目开始不久，他就发现了设计者在设计上犯了一些错误，怎么办呢？项目已经开始了，工程方面已经动工数日，如果重新修改或者设计，必然会耽误工期，还会损失很多原料，工程甲方乙方的领导都要追究责任；如果不改，等以后大楼盖起来那问题可就严重了。朱逸群当机立断地召开了有关人员会议，并在会上公开承认了自己的过失，由于自己一时疏忽没有把好关，才会遗留下来错误，同时认真地提出了改正错误的方案。然后，他又诚恳地向甲方开发商致歉，向自己公司的领导们道歉，提出自己愿意承担全部责任。

他的修改方案得到甲方的认可，开发商也没有继续深究。由于他勇于承担责任，因此得到他公司老板的信任，倍加重用于他，没过几年，他便当上了这个公司的总经理，总管公司大局。

敢于承担是一个人人生道路上成长的源泉。敢于承担能让一个人得到锻炼，能让一个人懂得如何应对人生路上的种种考验，使人们变得坚强。一个人承担的责任越多、越重，他就能得到更好的成长，获得更大的成就。

"穷忙族"在职场上也是如此，要想尽快得到提拔，就要不惧风险与压力，敢于承担重任，敢于承担责任，这种承担的精神会很容易让老板感动，也很容易赢得同事和下属的佩服、尊重和信任，能够让你在企业里树立一定的威望，为自己积累快速提升的资本。

但是，勇于承担并不等于就是逞强，有些"穷忙族"觉得承担就是

大包大揽，不管什么事情都包在自己身上，所有责任也自己一人承担，打肿脸充胖子硬装作是英雄好汉，结果撞了南墙才知道人外有人，天外有天。

业务员小尹就是一个好逞强的人。有一次，公司董事会决定到西部的一个省份去开展业务，由于初次在西部拓展，公司对西部地区的市场和西部人文地理环境等情况的了解还很有限，所以首先需要派一个经验丰富、头脑灵活的人去调查一下，以便于进一步来完成这个计划。总经理刚说完这件事，小尹便抢先一步地毛遂自荐，说自己愿意承担这个艰巨的任务。总经理略一迟疑，提醒他这个任务比较艰巨，但小尹满不在乎，一口便应了下来。

等小尹到了那个省份才发现，这里都是少数民族，首先语言不通，然后又因为不懂习俗，得罪了当地人，没有人愿意给他当向导。半个多月过去了，调查还是无法进展。后来公司又派了另外一位经验丰富的老员工才完成了这次调查。这时小尹才后悔，不该没考虑自身能力就逞一时之强。

"好说己长便是短，自知己短便是长。"这是清代学者审居郧的一句名言。认清自己的实力，勇于承担而不逞强，那么，你将会产生出无穷的力量，为自己的梦想和事业努力奋斗。

4. 重起炉灶，从头再来

人人都见过小孩子做他们喜欢的事情那认真的模样。当他们用心将一个小房子或其他某些东西用积木搭建成功，花了不少精力，完成一副很漂亮的图画并得到了大人的认可、庆贺、赞赏时，他们却又毫不吝惜地将他们辛苦完成的"杰作"毁在自己的手里，把他们辛苦搭建的房子推倒，把耗费许多时间的精美的画揉成一团丢进垃圾篓里。

这时，作为大人的你看到这种情形不免会感到惋惜。心中会产生一个想法："费了那么大的力气做出来的成绩为什么就这样轻易毁掉呢？为什么这样不知道珍惜爱护自己的劳动成果呢？为什么不把它们好好地保存起来，以做纪念，慢慢地欣赏呢？"

如果你此时去问那个小孩子，他会告诉你，他要重起炉灶，用自己的手和脑，创造出另一件更新、更好、更令他满意的作品来。听到这样的答案，你会做何感想呢？

事实上，孩子的这种精神，大人们是无法赶超的。孩子们有勇气毁掉自己辛苦创造的作品，是因为他们始终不满意自己目前的成绩。为了创造出更出色的作品，他们有牺牲当前成绩的勇气。他们坚定地认为自己以后会有更大的进步、会创造出比目前更好、更值得珍惜的作品来。所以，他们从不会像成人那样，沉浸于当前的成绩中自我欣赏、自我满

足，把自己工作的成果视为珍宝，惟恐它惨遭破坏，大有捧在手里怕掉了，含在嘴里怕化了的心态。其实，剖析成年人这一行为不难发现，那是因为他们没有把握制造出一个比当前这个东西更好的东西来，换个说法，也就是没有不断提升自己能力的勇气。

当一个人处于对自己的工作成绩倍加欣赏的状态时，我们可以认为这是一种懦弱的表现。因为他没有足够的勇气毁掉当前的成绩，追求更好的、更令自己和他人满意的东西。

一个人要想让自己具有更高的能力，就必须学习孩子的精神，不要怕从头再来，敢于重起炉灶，重新创造，那就意味着你已经离成功不远了。

一场突如其来的大火烧毁了拉比美丽的万木庄园。面对如此大的打击，他痛苦万分。

一个星期过去了，拉比还陷在悲痛之中不能自拔，父亲意味深长地对他说："孩子，庄园成了废墟并不可怕，可怕的是，你的眼睛失去了光泽，怎么能看得见希望呢……"

在父亲的劝说下，拉比决定出去转转。他一个人走出庄园，看到一家店铺门前人头攒动。原来是一些家庭主妇正在排队购买木炭。那一块块躺在纸箱里的木炭让拉比的眼睛一亮，他急忙兴冲冲地向家中跑去。

在接下来的两个星期里，拉比雇了几名烧炭工，将庄园里烧焦的树木加工成优质的木炭，然后送到集市上的木炭经销店里。

很快，拉比的这批木炭就被抢购一空。接着，他用这笔收入购买了一大批新树苗栽植，一个新的庄园初具规模了。

几年以后，万木庄园恢复了生机。

对于失去的东西，如果只是一味地沉湎于追悔之中，失去的不仅仅

是已经失去的那些东西，还有重新崛起的机会。谁都会遇到挫折，面对困境，要勇于把不利化为有利，走出困境，这才是成功人士的选择。

有一首歌这样唱道："心若在梦就在，天地之间还有真爱，看成败人生豪迈，只不过是从头再来。"

人生是一条漫长的旅途。有平坦的康庄大道，也有崎岖的羊肠小径；有香气宜人的鲜花绿草，也有杂乱丛生的朽木荆棘。那么成功是什么呢？成功就是走过了所有通向失败的路之后，只剩下一条路，那就是成功的路。所以在人生的路上，不管遭遇顺境还是逆境，都要从容面对；不管最终获得还是失去，都要平静地接受。

漫漫人生途中，难免会遭遇到挫折。在灾难和不幸面前，有的人自认倒霉，一蹶不振，从此丧失了斗志与希望；有的人淡然一笑，重新开始，在磨练中成就了更加辉煌的事业。这也许就是成功者与失败者最大的差别。生命的价值就是坚强地闯过挫折，冲出坎坷。跌倒了，可以爬起来再继续走；失去了，要依靠自己重新找回。路就在脚下，不管过去多么暗淡，不管未来多么纷繁，一切的过去都以现在为归宿，一切的未来都以现在为起点。这才是青年人的活法！只要心在、梦在，大不了可以从头再来！

明末清初史学家谈迁年轻时是位穷秀才。他自幼刻苦好学，博览群书，精通诸子百家，对历史，尤其是明代的一些典故研究颇深。他立志编撰翔实可信的明史，于是便长年背着行李，步行百里之外。他到处访书借抄，饥梨渴枣，市阅户录，经过二十多年呕心沥血的不懈努力，终于完成可以流传千古的巨著——明朝编年史《国榷》。

可是世事弄人，就在谈迁以为大功告成可以舒一口气的时候，却出现了意外。

一天夜里，一个小偷进了他的家门，找了半天也没有发现可偷之物，

无意间看到装《国榷》的竹箱上着锁，以为是贵重之物，便把竹箱给偷走了。于是，这些珍贵的书稿从此下落不明。

此时，谈迁已经53岁，二十多年的心血转眼之间化为乌有，面对如此沉重的打击，谈迁不禁老泪纵横。但谈迁并未就此沉沦，他下定决心再次撰写这部史书，从头再来。

接下来又是十年的努力，又一部《国榷》重新诞生了。新写的《国榷》共一百零四卷，五百万字，内容比原先的那部更翔实精彩。谈迁也因此留名青史、永垂不朽。

无独有偶，19世纪英国著名的史学家卡莱尔也遭遇了类似谈迁的厄运。

众所周知，现在我们读到的《法国大革命史》就是卡莱尔撰写的。卡莱尔经过多年的呕心沥血和艰苦耕耘，终于完成了这本史书的全部文稿。他把这本倾注了他多年心血的书稿交给他最要好的朋友米尔来进一步完善，结果没过几天，米尔便脸色苍白、神色慌张地跑来，极其无奈地向卡莱尔说出一个令人震惊的消息：《法国大革命史》的底稿除了少数几张散页外，已经全被他家里的女佣当做废纸，丢进火炉里烧为灰烬了。

那个时代没有计算机，一切都得用手写来完成，卡莱尔根本没有"备份"的底稿。当米尔全身发抖说完这个坏消息时，卡莱尔沮丧异常。因为这就意味着卡莱尔这些年的心血付诸东流，一切付出都是白费。

但是，卡莱尔还是很快就重新振作起来。他对周围的人说："这一切就像我读小学时，把笔记薄拿给老师批改，老师对我说：'不行！孩子，你一定要写得更好些！'"

第二天，他便买了一大沓纸，又投入到了新一轮的写作中。

所以，今天我们所读到的《法国大革命史》并不是他的初稿，而是卡莱尔第二次完成的杰作。

现在的社会上，有很多人常常会惧怕"从头再来"，因为从头来就意味着失去原有的，意味着以前的付出毫无结果，一切将回到原点，繁华和奢荣消失殆尽。在现代的都市生活中，几乎人人都生活在一种超压的生活状态下，眼前的一切都是付出了巨大的努力而辛勤搭建起来的，有几个人舍得放弃一切从头再来呢？从头再来，不仅仅是一种放弃，一种选择，更是一种勇气！

5. 认真走好每一步

懂下象棋的人都知道，应当用一个好的战略，认真走好每一步，才能成为真正的赢家。工作也是一样，掌握好工作战略，落实到工作中的每一个细节，这样才会走向成功。

很多人认为，现在的工作越来越复杂，压力越来越大，事情越来越多，没有谁能够细致地解决工作中的所有问题。于是，这些人便很少花时间来对所做的工作进行思考，也很少总结过去的成败与得失，更不用说坐下来研究一下对付工作的策略了。他们只知道一门心思地做手头的工作。他们总是怕停下来思考会耽误工作进度，耽误了眼前的利益。

海尔集团的总裁张瑞敏说："把每一件简单的事做好就是不简单，把每一件平凡的事做好就是不平凡。"

在日常工作中，注重细节和战略的员工最终会脱颖而出。细节始于战略，战略同时也是一种细节，是很重要的细节。生活中不缺乏雄才伟略的战略家，缺少的却是精益求精的行动者。因此，我们必须要改变心浮气躁、浅尝辄止的坏习惯，在工作中提前做好准备工作，制定好战略，养成工作时一丝不苟、注重细节的作风，把大事做细，把小事做好。

1894 年中日甲午战争之前，日本间谍便已经化装成中国人来到中国海军军舰上侦察。当时，中国的军舰在吨位、数量、火力上都胜于日本，

中国军队都陶醉于自我满足之中，认为中日海战中方必胜无疑。可是，那个日本间谍在侦查中却发现了一个细节：他发现中国军舰的炮塔上居然横七竖八地晾着短裤、袜子。于是，他便把这个细节写在情报中，并由此分析道：这是一支纪律松弛、管理混乱的军队，不会有强大战斗力。果然如其所说，海战一打响，中方几乎全军覆没，先进的军舰也都成了日军的战利品。

日本人根据一个小小的细节，制订了进攻策略，取得了一场战争的胜利。西方有位名叫杰克·韦尔奇的CEO说过："没有什么细节因细小而不值得你去挥汗，也没有什么大事大到尽了力还不能办到。"

刚刚过世不久的具有"经营之神"之称的台湾首富王永庆，早年因家贫不能读书，只好从老家来到嘉义开了一家米店。当时王永庆只有16岁，而嘉义这个小地方已有米店近30家，竞争非常激烈。而王永庆仅有200元资金，他的铺面最小，规模最小，开张也最晚，没有任何优势。刚开始的那段日子里，他的生意冷冷清清，门可罗雀。

怎样才能打开销路呢？王永庆仔细观察之后，发现了一些细节，然后制订了策略，从提高米的质量和服务上找到了突破口。

当时的台湾，农村稻谷收割与加工的技术非常落后，米中常常掺杂一些秕糠、砂子、小石子之类的杂物。人们在做米饭之前，都要先仔细地反复淘米才行。不过，这些大家早就习以为常。

王永庆却从这一司空见惯的细节中找到了切入点。他决定带人将夹杂在米里的秕糠、砂石之类的杂物挑捡出来，然后再出售。果然，王永庆米店卖的米受到人们好评，米店的生意也渐渐变得红火。

此外，王永庆还发现，来买米的人群中，老年人占很大一部分。因为年轻人常常因为忙于工作，而无暇操心日常杂务，多数都是老年人来关注这些。于是王永庆又制定出一个竞争的策略——送货上门。在当时还没有送货上门这种服务，这是王永庆的一项首创。

不仅如此，王永庆每次送米上门后，都细心记下这家人米缸的容量，这家有多少人吃饭，每人饭量多少，一一详细记录在本子上，然后根据这些记录来估计该户人家下次买米的大概时间。到时候，不等顾客上门，他就主动将相应数量的米送到客户家里去。

这一系列的精细服务，为王永庆迎来了很多顾客。通过把握生活中的一些细节，使王永庆的米店立足于嘉义，为他以后事业的进一步壮大奠定了基础。

人生路上，每个人都须具备睿智的头脑和超凡的远见，安排好生活中的每一个细节。虽然谁也无法准确预测我们最终的成功几率是多少，但是，我们却要尽可能地确定自己所追求的成功的具体目标，进行周密的战略策划，人们只有对工作中的细节有所准备，才能在碰到各种各样的细节问题时临危不乱；只有制定周密的战略计划，你才能很明确自己该做什么工作，应该怎样去做。如果战略不能把每一个细节进行量化，战略就不可能达到目的。我们是在计划自己的命运，越是具体，就越是向成功靠近了一步。

6. 舍得了小利，才能赢得大利

俗话说，舍不得孩子套不住狼。一些人的目光只会停留在眼前利益上，做生意不舍一分一厘，只求自己独吞利益。恰好是一时赚得小利，而失去了长远之大利。可谓是捡了芝麻丢了西瓜。李嘉诚却正好相反，他舍弃了小利，而赢得了大利。

李嘉诚出任十余家公司的董事长或董事。但他把所有的袍金都归入长实公司账上，自己全年只拿 5000 港元。

这 5000 港元，还不及 20 世纪 80 年代公司一名清洁工的年薪。

以 20 世纪 80 年代中期的水平，像长实系这样盈利状况甚佳的大公司主席袍金，一间公司就该有数百万港元。进入 20 世纪 90 年代，便递增到 1000 万港元上下。

李嘉诚多年维持不变，只拿 5000 港元，按当时的水平，他万分之一都没拿到。可见，李嘉诚的经商天才在这里表露无遗。

李嘉诚其实是小利不取，大利不放。甚至可以说是以小利为诱饵钓大鱼。李嘉诚每年放弃数千万元袍金，却获得公司众股东的一致好感。爱屋及乌，自然也信任长实系股票。甚至李嘉诚购入其他公司股票，投资者莫不步其后尘，纷纷购入。

李嘉诚是大股东和大户，得大利的当然是李嘉诚。有众股东的购入，长实系股票被抬高，长实系股值大增。就这样，李嘉诚每欲想办大事，总会很容易得到股东大会的通过。

　　对李嘉诚这样的超级富豪来说，袍金算不得大数。大数是他持有的股份所得到股息的价值。

　　1994年4月至1995年4月，李嘉诚所持长实、生啤、新工股份，所得年息就共计有12.4亿港元——尚未计他的非经常性收入，以及海外股票的年息。

　　有人说，一般的商家，只能算精明。惟李嘉诚一类的商界超人，才具备经商的智慧。

　　古希腊的佛里几亚国王葛第士以非常奇妙的方法在战车的轭上打了一串结。他预言：谁能打开这个结，就可以征服亚洲。一直到公元前334年，还没有一个人能够将绳结打开。这时，亚历山大率军入侵小亚细亚，他来到葛第士绳结之前，不加考虑，便选择拔剑砍断了绳结。后来，他果然一举占领了比希腊大50倍的波斯帝国。

　　一个孩子在山里割草，被毒蛇咬伤了脚。孩子疼痛难忍，而医院在远处的小镇上。孩子毫不犹豫地用镰刀割断受伤的脚趾，然后，忍着巨痛艰难地走到医院。虽然他放弃了一个脚趾，但却以短暂的疼痛保住了自己的生命，获得了生的希望。

　　一位朋友到一家餐馆应征做钟点工。老板问：在人群密集的餐厅里，如果你发现手上的托盘不稳，即将跌落，该怎么办？许多应征者都答非所问。朋友答道：如果四周都是客人，顾客是上帝，我们都得罪不起，所以我把托盘倒向自己。最后，他被雇用了。

亚历山大果断地剑砍绳结，说明他放弃了传统的思维方式；小孩子果断地割断脚趾，以短痛换取了生命；服务员果断地把即将倾倒的托盘倒向自己，保证了顾客的安全。这几个例子都体现了正确的选择与放弃有助于成功的道理。在某个特定的时刻，你只有敢于放弃，才有机会获取更长远的利益，即使遭受难以避免的挫折，你也要选择最佳的失败方式。

所有计划、目标和成就，都是思考的产物。你的思考能力，是你惟一能完全控制的东西，你可以以智慧或是以愚蠢的方式运用你的思想，但无论如何运用它，它都会显现出一定的力量。

没有正确的思考，是不会克服旧习的，如果你不学习正确的思考，是绝对防止不了挫败的。

人性中普遍存在着防止正确思考的绊脚石，这就是轻信别人！正确思考者的脑子里永远有一个问号，你必须质疑企图影响正确思考的每一个人和每一件事，看清别人的优势，挑战自己的劣势。

当生活中需要我们二者只取其一的时候，主动放弃局部利益而保全整体利益是最明智的选择。智者曰："两害相衡取其轻，两利相权取其重。"趋利避害，正是放弃的实质。忍痛割爱也是理所当然。

7. 风险后面是成功的果实

越来越多的人意识到胆略的重要性，把胆略上升到胆商的高度。一般而言，成功者需要较高的智商和情商。然而，在现实中，一些高智商、高情商的人，往往错失良机，未能将自己的人生推向应有的高度。这其中的关键在于缺乏胆商。

胆商是对个人胆识、气魄的一种形象表征。胆商高的人具有非凡的胆略，能够临危不乱、破釜沉舟、力排众议；具有决策的魄力，能够把握机遇，该出手时就出手，以最快的速度应对环境的变化。没有敢为天下先、勇于承担风险的胆略，任何时候都成不了大业。大凡成功人士，都有着敢闯敢试敢干的过人胆略。一个人的胆商在某些关键时刻甚至决定组织的兴衰成败。

被誉为"香港鲨胆大亨"的郑裕彤也是一个豪气大度的商人。他做生意的风格就是大胆有魄力，他对大计划、大动作特别感兴趣，尽管难免有冒然出击失利的时候，但从数十年的总体来看，他那数以百亿计的巨额财富大厦正是由一系列的大动作大举措堆积而成的。

1946年，21岁的郑裕彤新婚才两年多，他在香港开始独立执掌"周大福"珠宝店务。到了1956年，"周大福"的一位股东自觉年事已高，将

股份转给了郑裕彤。郑裕彤当上老板后，立刻施展才智勇敢拼斗起来。

1960年，"周大福"改为"有限公司"，那些多年来对公司有直接贡献、而且又能干和值得信任的职员，郑裕彤就像对待朋友一样分派股份给他们，使他们有归属感，更加努力工作，结果当年的盈利就达到500万港元。从此公司的生意越做越大，营业额就直线上升到以亿为单位了。

郑裕彤的第一项大动作是"新世界中心"的兴建。在九龙尖沙咀远远望去，丽晶酒店和新世界酒店直耸云霄，从酒店往下看去，维多利亚港和香港北岸全景一览无余。1970年，郑裕彤从太古洋行手中购得尖沙咀"蓝烟囱"旧址时出价1.37亿港元，是当时最贵的价钱。

郑裕彤就是郑裕彤，他的胆量和魄力，他的豪气大度的性格，使他的第一次大动作就成功得耀眼于世了。新世界果然没有辜负主人对它的深切希望。几年后，仅地价就已高达10亿港币，更何况在这块土地上已建起两家酒店、几万平方英尺购物中心、9000个商业单位……1985年，新世界酒店客房平均出租率高达94%，营业总额有1.47亿港元；丽晶酒店的客房出租率也高达80%，营业总额3.47亿港元，跻身世界10大酒店之列。

三年后，随着成功的东风，他又拿出胆识和度量放眼全球，走向国际地产业。1988年郑裕彤与李嘉诚、李兆基合作，投资海外地产的最庞大的计划，共计投资28亿港元，购得加拿大温哥华世界博览会旧址，在该地建设现代化的"太平洋村"，也就是闻名于世的加拿大"李郑屋村"。

郑裕彤虽然有"鲨胆彤"之称，但他仍智勇双全，他的经营之道是稳中求进，并非一味靠博。在他看来，地产和珠宝都是一门"长做长有"的生意，他的豪气有度量作风其实是有其成熟的准备与长远考虑作基础的。

胆商不是匹夫之勇，不是蛮干。胆商是一种胸襟，能看淡得失成败；

胆商是一种责任，能对事业负责；胆商更是一种见识，能把握大局。

可以说，胆商是气魄、学识、能力、水平的综合表现，胆商是人生风险与机遇并存的混合体。胆商就是一种胆略，胆略决定战略，战略决定成败。所以，拥有较高的胆商，也就拥有了成功的基础。风险后面是成功的果实，而胆略是穿越风险的惟一法宝。

8. 关键时刻冒点险

丹麦著名哲学家克尔恺郭尔曾说过："在一个人生命的初始阶段，最大的危险就是：不冒风险。"

在某种程度上，生活就是一场博弈。敢冒风险的人，在人生战场上才能赚得最多的钱，在事业上才能取得最大的成功，才可能实现人生的最大价值。

生命运动从本质上说就是一种探险，如果不是主动地迎接风险的挑战，便是被动地等待风险的降临。

有限度地承担风险，无非带来两种结果：成功或失败。如果我们获得成功，我们可以提升至新领域，显然这是一种成长；就算我们失败了，我们也很快可以清楚为什么做错了，学会以后该避免怎么做，这也是一种成长。所以，关键时刻冒点险，对于渴望成功的人来说是很有必要的。

石油界的亿万富翁卜保罗·格蒂是一位走运的人，但早期他走的路却并非那么平坦。他读书时候的志向是想当一名作家，后来又决定要从事外交部门的工作。可是，等毕业了之后，他却对俄克拉荷马州迅猛发展的石油业产生了兴趣，格蒂的父亲便是在石油业方面发财致富的。搞石油业显然偏离了格蒂的主攻方向，但他还是想自己试一试。

格蒂的第一笔钱是通过在其他开井人的钻塔周围工作赚到的，他的父亲严守禁止溺爱儿子的原则——可以借给儿子钱，但却从不白送钱给儿子。格蒂有时也偶然从父亲那里借一些。格蒂虽然年轻，但有勇气，爱思考，从不鲁莽。如果一次失败就足以造成难以弥补的经济损失的话，这种冒险事他从来没有干过。他前几次冒险的投资真的都失败了，但是在1916年，他终于碰上了第一口高产油井，倚仗这个油井，他为以后打下了幸运的基础，那时他才23岁。

或许这里有走运的成分，但格蒂的走运是应得的，他做的每一件事都没有错。那么，格蒂怎么会知道这口井会产油呢？他确实不知道，尽管他已经收集了他所能得到的所有资料。

"机会总是存在的。"他说，"你必须相信这种机会的存在。如果你一定要求有肯定的答案，那你就会捆住自己的手脚。"

对于未知的东西，你不冒险去尝试，就永远也不会成功。

生活中常有这样的现象：同样一件事，因为存在一定的风险，甲经过细算，认为有60%的把握，便抢占时机，先下手为强，因而取胜；乙在谋划时过于保守，认为必须有90%甚至100%的把握才下手，结果坐失良机。

很多人就是不敢尝试冒险的路径。他们熙来熙往地拥挤在平平安安的大路上，四平八稳地走着。这条路虽然平坦安宁，但距离人生风景线却迂回遥远，他们永远也领略不到奇异的风险和壮美的景致。他们平平庸庸、清清淡淡地"穷忙"一辈子，直到走到人生的尽头也没有享受到真正成功的快乐和幸福的滋味。他们只能在拥挤的人群里争食，闹得薄情寡义也仅仅是为了填饱肚子，穿上裤子，养活孩子。这种人生是什么样的人生呢？而且，这是一种难以逃避的风险，是一种越来越无力改善现状的风险。

金向东与方圣平在巴基斯坦经商已有几年。在阿富汗战火稍停之时，两人就从伊斯兰堡前往阿富汗，想在那里寻找商机。当时，阿富汗很混乱，经常有人趁乱打劫。金向东与方圣平通过关系，以每天每人相当于150元人民币的报酬，聘请了4个荷枪实弹的巴基斯坦民兵，一路护送。到达喀布尔后，塔利班的商业部、水电部等6个部的部长，先后与金向东、方圣平商谈生意。在数次接触中，他们看到这6个部的办公室使用的还是最老式的摇把电话。几个部长明确表示，非常需要他们提供的乐清低压电器，只是经济拮据没有外汇支付，希望通过以货易货的方式与他们做生意。听了他俩的报价后，部长们连连称赞中国的低压电器价格便宜，当场提出的订货单价值数百万美元。不过，在阿富汗赚钱并不一帆风顺。一次，金向东、方圣平因对准路人拍照而被塔利班士兵当场抓了起来，还扬言要严办他俩。按照塔利班的规定，在阿富汗对人拍照是不允许的。好在塔利班的水电部长闻讯后出面说明，三四个小时后他俩才顺利获释，虽是虚惊一场，但足够让人胆战心惊的了。

胆大包天的成都人王克，也是因为信奉"胆大走四方，危险出商机"的理念，才勇敢地冲出国门，把生意做到了动荡不安的柬埔寨，做到了炮火纷飞的伊拉克。

1999年，王克意识到：越是别人不去的地方，就越是蕴藏大的商机。于是，他想到了去柬埔寨做生意。虽然这招来亲朋好友的一致反对，但是王克还是抛下一句"撑死胆大的，饿死胆小的"口头禅后，毅然走上了柬埔寨淘金之路。

当时的柬埔寨，几乎家家户户都拥有枪支，枪击事件几乎每天都在发生，很多人听闻而退，王克却把目光锁定在生活用品的贸易上，而且

生意越来越红火。有一次，在送货途中，他遇到了警察与偷车贼的枪战，一颗离他脑袋只有10厘米的子弹飞过来，差点要了他的命。尽管这次冒险让王克自己后怕了好几天，但他做生意超高的信誉度却因此出了名。后来，他发现柬埔寨的木材资源十分丰富，价格也很便宜，特别是废弃的橡胶木树枝完全可以加工成工艺木盘，而当时的中国已有了先进的木材加工技术。柬埔寨政府一直禁止外商涉足与木材有关的产业，但王克就是不信这个邪。首相洪森的夫人文拉妮是华裔，王克通过关系送给了洪夫人十来个工艺木盘。洪夫人看后，非常喜欢，洪森本人看到后，也觉得能把废弃的橡胶木树枝变成工艺木盘是件好事，于是王克的生意做成功了。

他们之所以这样做，是因为他们比别人更明白，过河的卒子永远没有退路，只有一往无前地冲杀才能赢得胜利；另外，因为他们也比别人更加明白：大舍大得，小舍小得，不舍不得。"胜在险中求"、"无限风光在险峰"。

香港商人陈玉书这样说："致富秘诀，在于大胆变通，眼光独到。譬如说，地产市场我看好，别人看坏，事实证明是好，我能发大财；反之，我看好，别人看坏，事实证明是坏，我便要受大损失，甚至破产；如果大家都看好，我也看好，事实证明是对了，则也仅仅能糊口而已。"

勇于冒险求胜，我们就能比我们想象的做得更多更好。在勇冒风险的过程中，我们就能使自己的平淡生活变成激动人心的探险经历，这种经历会不断地向我们提出挑战，不断地奖赏我们，也会不断地使我们恢复活力。

9. 敢于面对最坏的结局

电视剧《大宅门》里白二奶奶有一句话：遇事先做坏的打算，什么样的槛都能挺过去。这话很有道理，当人们有了接受最坏情况的思想准备之后，就有利于应对和改善可能发生的情况。

敢于面对最坏的结局，并为争取最好的结局做最大的努力，事情反倒有利于向好的方向转化。

世界女子跳伞纪录保持人雪瑞儿·史坦斯每次跳伞之前，她会预先设想各种可能的意外状况，拟定解决的办法。当状况真正发生了，她可以立即从先前模拟过的各种情况中找出解决方法，不至于慌了手脚。

"恐惧是有必要的。"史坦斯认为，恐惧的情绪可以让自己更谨慎，不至于过度乐观。关键是如何从恐惧中，察觉自己害怕的根本原因，然后消除恐惧的根源。

哈佛大学心理学教授丹尼尔·吉尔伯特说："人们对于未来的预期或想象，往往过于夸大。我们害怕自己会失败，但事实上失败的可能性微乎其微。"干什么事，要把最坏的结局想到，这样恐惧才会减轻，并以最好的准备面对最坏的结局。

威利·卡瑞尔说过一句话："惟有强迫自己面对最坏的情况，在精神上先接受了它之后，才会使我们处在一个有利于集中精力解决问题的地

位上。"这就是卡瑞尔定律，它的内容就是：只有无畏地面对"最坏"，才能有效地改善"最坏"。

卡瑞尔年轻的时候，在纽约州的水牛钢铁公司做电器工程师。有一次需要到密苏里州的匹茨堡玻璃公司去安装一架瓦斯清洁机，以清除瓦斯燃烧时的杂质。这是一种全新的机器，他也是第一次安装它。

在安装过程中，卡瑞尔遇到了许多事先没有想到的情况。费了很大的功夫后机器开始运转了，然而却远远未达到预期的效果。

这种突如其来的难题让卡瑞尔寝食难安，过度的忧虑让他的胃也经常莫名其妙地疼痛。幸好他还能及时制止自己，因为他知道忧虑并不能解决任何问题。

于是卡瑞尔便琢磨出一个方法，结果非常有效。这个方法十分简单易学，每个人都可以运用它。方法分三个步骤：

第一步，卡瑞尔静下心来，仔细地分析了整个事情，找出了事件最坏的结局是什么。答案是：公司会损失掉20000美元。

第二步，找到了最坏的结局之后，卡瑞尔鼓励自己在必要的时候拿出勇气去接受它。他对自己说，虽然因为这次失败，在他的工作上会出现一个污点，他也可能因此而丢掉这份工作。但即使是那样，他也有信心找到一份新的工作。至于公司，损失20000美元还能承担，可以把这笔账算到研究经费上，因为事实上这只是一次实验。在想通了以上的道理后，卡瑞尔突然觉得浑身一阵轻松，感受到了许多天来从不曾有过的平静。

第三步，卡瑞尔把所有的精力和时间用来着手改善最坏的结果。他想出了一些补救方法，以减少目前的损失。他做了几次实验，结果发现如果再花5000美元购买一些设备，就可以解决所有的问题。公司不仅不会损失20000美元，而且还能赚15000美元。后来的结果也证明了这一

点。

自从这件事以后，卡瑞尔一直运用这个方法来解决工作中遇到的烦恼。从那以后他也很少会被烦恼所困扰，他的工作中几乎很难再有烦恼。

有时候没得选择或不知道怎么选择，就做最坏的选择。要有种决绝的魄力，把事情想到最坏，事情再发展无非就是这个结局，如果真的出现这个后果又能怎样，要有勇于面对最坏结果的勇气。

有时候我们做事情，畏首畏尾，不是顾虑得太多，就是担心出错。通常情况下最坏的结局也不一定会出现的。更有可能的是，事情会往好处发展，甚至超出你的预计。任何事情在经历的时候都是最痛苦的，甚至难以忍受，但是勇敢去做，就会有转机。

第五章

别犹豫，抓住每一次机遇

英国著名政治家和作家迪斯雷利说："死脑筋的人相信命运，活脑筋的人相信机会。"相信命运的人随波逐流，最终被命运的漩涡吞没；相信机会的人能主动出击，自强不息，最终扼住命运的咽喉，实现了自己的梦想。

1. 机遇的大门是敞开着的

"有关着的门就有开着的门。"这是西班牙著名作家塞万提斯经典作品《堂·吉诃德》中的一句经典台词。是的，那扇为我们敞开着的大门，就是机遇。

人生中一大重要课题就是要学会把握机遇。时机的珍贵，就在于它稍纵即逝，得来不易；时机的价值，就在于它创造机缘，走向辉煌。

一位单身汉，希望能在自己的有生之年得到一次真正的幸福，哪怕只有一次也好。于是他开始向神灵日复一日地祈祷。天神终于被他的诚意感动了。

幸福女神在一天晚上敲开了单身汉家的大门，单身汉十分高兴，连忙请幸福女神入内。可是，美丽的幸福女神却指着她身后的另一位丑陋的女子说："还有一位，这是我的妹妹，我们是一起出来旅行的。"

"她真是你的亲妹妹吗？"单身汉惊讶地看着这位奇丑无比与幸福女神天壤之别的女子，疑惑地问女神。

"是呀，她是不幸女神。"

听了幸福女神的话之后，单身汉便说："请您进屋里来坐，不过，还是请她先回去。"

"这怎么行？我不能单独留下来，我们无论走到哪里，都是连在一起分不开的!"

幸福女神见单身汉犹犹豫豫，便说："若有不便，我们只有告辞了。"

最后，单身汉不知所措地望着姊妹两人飘然而去的背影，他错过了得到幸福的机遇。

在生活中，我们也难免像这个单身汉一样，当幸福女神前来光顾时不能把握住机遇。如果我们把机遇看成是某种资源的话，就会发现机遇的损耗最大。

我国著名的学者赵云喜先生这样解释"机遇"：生命的流程像一条线，机遇则是一个点，没有流程线，就没有机遇的点。或者可以这样说，"机"是一条线，"遇"是一个点。"机"未必都能够遇，"遇"则必须有机。"机"是为"遇"交付的成本，"遇"是"机"的结果。有人接着用具体的事物进一步说，搞经营的人们曾有过一个比喻，搞市场好比老鹰捕兔子，市场机遇稍纵即逝。要捕捉到狡猾的兔子，老鹰必须做到稳、准、狠。机遇好像兔子，它是动态的，绝不是静止的，机遇的性格就是谁也不等待。老鹰在天上盘旋，只能说是"机"，老鹰捕捉到兔子那一刹那才是"遇"。

人们常常会说："机不可失，时不再来。"但有很多人只有等到机会从身边溜走之后，才如梦初醒，恍然大悟，急得上蹦下跳。

一位船长讲述道："那天晚上碰到了不幸的'中美洲'号。""天正渐渐地黑下来。海上海浪滔天，风很大，一浪比一浪高。我给那艘破旧的汽船发了个信号打招呼，问他们需不需要帮忙。'情况正变得越来越糟糕。'亨顿船长朝着我喊道。'那你要不要把所有的乘客先转到我的船上来呢？'我大声地问他。'现在不要紧，你明天早上再来帮我好不好？'他

回答道。'好吧，我尽力而为，试一试吧。可是你现在先把乘客转到我船上不更好吗？'我回答他。'你还是明天早上再来帮我吧！'他依旧坚持道。我曾经试图向他靠近，但是，你知道，那时是在晚上，夜又黑，浪又大，我怎么也无法固定自己的位置。后来我就再也没有见到过'中美洲'号。就在他与我对话后的一个半小时，他的船连同船上那些鲜活的生命就永远地沉入了海底。船长和他的船员以及大部分的乘客在海洋的深处为自己找到了最安静的坟墓。"

曾经离亨顿船长咫尺却被他忽略了的机遇，变得遥不可及的时候才意识到这个机会的价值，然而，在他面对死神的最后时刻，他那深深的自责又有什么用呢？他的盲目乐观与优柔寡断使得多少乘客成为了牺牲品？

其实，在我们的生活当中，又有多少像亨顿船长这样的人，他们在最欢乐的时刻又是多么的易受打击，多么的盲目，在命运的面前又是多么的软弱无力啊！只有在经历过之后，他们才顿然清醒地明白那句古老的格言：机不可失，时不再来。然而，这时已经迟了。

这种人做事情总是不能很好地把握时机，要么是太迟了，要么是太早了。"这些人都有三只分开的手。"约翰·古夫这么说，"一只左手，一只右手，还有一只迟到之手。"他们在还是孩子的时候，他们就老是迟到，做家庭作业和交作业也总是比别人要晚。就这样，他们迟到的习惯慢慢地养成了。

他们到了现在，需要承担责任的时候，才开始后悔，如果能再回到从前，让生命再来一次的话，他们一定会好好地把握住机会，也许他们还会有一个崭新的明天。他们又回忆起以前，自己曾经白白放过了多少可以弥补这些损失的机会，或是白白浪费了多少可以赚钱的机会，而现在却是已经无法弥补了。他们懂得该如何在将来改善自己的生活，完善

自身，或是帮助别人；然而，他们却看不到此时此刻有什么机会。他们永远无法把握机会，抓住机会。

上帝是公平的，他把最珍贵的礼物给了每个人，那就是——机遇。只要我们抓住了上帝赐给我们成功的金钥匙，我们就是幸福者，我们就是成功者。如果我们正确地面对它，积极地寻求它，并勇敢地握住它，那么，我们就是一个非凡而富有的人。

2. 别让机会轻易地从身边溜走

机会的降临是稍纵即逝的，但机会是一个人的成功之门。一个有所作为的人，遇到机会，必定是一个敢于抓得快、善于看得准的人，而绝不会让机会轻易地从身边溜走。

熟悉皮尔·卡丹经历的人都知道，他是一个白手起家的成功典范。他的成功除了靠他在这方面的天赋之外，还靠机遇、勤奋和勇气。

只有两岁多就随着母亲移居到法国的冈诺市的皮尔·卡丹，由于当时一战后世界经济萧条，工人失业率高，万业荒废，他的家庭十分贫穷，生活潦倒，供不起他继续读书，只读了几年的书他就辍学了。为了生活，他到处工作。17岁时，他到一间红十字会做工。卡丹从小就表现出与逆境抗争的能力。到了红十字会以后，他凭着自己的机敏和勤学，很快就当上了一名小会计。这段当会计的经历，使他学会了一些经济方面的知识，如经济管理和成本核算的知识，这是卡丹人生经验的初步积累。在做会计的同时，他发现自己对裁剪的兴趣很浓厚。三年后，他到了一间服装店当学徒，也就几年的工夫，他已经熟练掌握了裁剪技术。这时的法国，已经开始恢复了昔日繁华的面目，日渐浓厚的服装消费气息也熏陶了卡丹，他决定要成为一个裁缝师。

　　卓有成者既有个人的天赋聪明、勤奋好学，也有机遇和环境的造就。辛勤的劳动和强烈的自信心，使皮尔·卡丹与同行互相学习，不断地拜师学艺，短短的几年工夫，卡丹已经是有一定技术实力的裁缝师了。但是，他缺乏的是名气。卡丹到处寻找各种机遇，希望能使自己有一个转机。

　　卡丹日思夜盼的这一天终于来了。1945年5月的一天晚上，他独自在维希郊外的一个小酒店里饮闷酒。就在他要第三杯的时候，有一位破落的老伯爵夫人向他走来。这位老夫人家境破落后迁至维希，她的原籍是巴黎。见眼前的年轻小伙子无精打采的样子，这位老夫人便主动上前和他交淡。卡丹此时正心烦，有这么一位毫不相干的老妇人交谈，也乐得一吐愁肠，就把前前后后的事讲给她听。

　　原来这位夫人是冲着卡丹穿着的这套衣服来的，这身打扮很时尚，她想知道这套时装的来历，一问才知道，原来这套衣服是卡丹亲手设计、裁剪并制作的。当老妇人得知这个情况后，情不自禁地脱口而出："孩子，你会成为百万富翁的，这是命运的安排。"原来，年轻时的这位老夫人常出入巴黎上流社会，结识了许多著名的时装店老板和服装设计大师，巴黎帕坎女式时装店经理就是她年轻时的密友。于是，老夫人便把帕坎女式时装店经理的姓名和住址告诉了卡丹。临别时，老妇人拍着卡丹的肩膀笑着说："苦恼什么，年轻人？在巴黎的战争早就结束了，你难道还不知道吗？"

　　老夫人这个惊人的消息以及当时听起来可笑的预言，竟然燃起了卡丹埋藏已久的希望之火，帕坎时装店经理的名字和住址，这简直就是一次从天而降的机遇。他振作精神，暗暗发誓，要走向成功。

　　当时，帕坎女式时装店是巴黎一家著名时装店，巴黎的一些大剧的戏装大多数都是这家店缝制的。得知伯爵夫人介绍一位外省的年轻人来求职，店老板便亲自接待了卡丹，并对他进行了面试。使老板惊异的是，

卡丹的裁缝手艺以及设计才能远远超出了他的想象。就这样，卡丹便被老板毫不犹豫地雇用了。卡丹在这里潜心于自己心爱的事业，拜师结友，刻苦钻研，可以说是如鱼得水。不长时间，卡丹就获得了巨大的成功，名门巨贾中开始流传着一个年轻人的名字——皮尔·卡丹。

没过多久，卡丹的两位好友就鼓动他开设自己的时装公司。卡丹在1950年倾其所有，在巴黎开了第一家戏剧服装公司。这是卡丹帝国崛起的摇篮，也是卡丹大显身手的地方。

卡丹决意自己独立经营时装，并以自己名字的第一个字母"P"作为牌子亮出去。卡丹虽然制作了以自己名字为招牌、款式十分新颖的时装，但由于在人才济济的巴黎，卡丹还没有名气，"P"字牌子还是无人问津，生意清淡。但是，卡丹并没有因此而气馁，他决心在精心设计和适销对路上下工夫。

"P"字牌服装经过卡丹的不懈努力，终于有了转机，赢得了以挑剔著称的巴黎顾客的喜爱。过去，人们瞧不起成衣，可是，卡丹的创造性设计逐步改变了人们的观念。

从20世纪60年代起，在创作上卡丹不断求新，探索进取。他设计的P字牌服装，走出法国，在世界深得人们喜爱，并享有一定声誉。卡丹服装行销世界，成为现代时装的名牌之一，它以"优雅、高尚、大方"著称。卡丹本人也为此三次荣获法国时装"奥斯卡"设计奖——金顶针奖，这是时装设计的最高奖，卡丹成为了世人瞩目的设计巨星，法国时装界的王中之王。

皮尔·卡丹现在拥有了从设计加工到生产的庞大时装业，"卡丹帝国"的主人卡丹从原来两手空空的工人，发展到现在不仅在法国拥有上百家分店，而且在世界上97个国家开设分店。经过30多年的努力，P字牌的服装成为超级名牌。今天，他拥有约10亿美元的财产。皮尔·卡丹成功的秘诀就是勤奋和勇敢可以创造机遇。

在每个人的面前机会总是平等地出现的。当机会出现在我们面前时，如果我们能牢牢地把握住，我们就会将它变成自己人生发展的条件，使自己的人生出现转机。

朱小玲很喜欢中国历史，经常学习研究古代人的智慧。她是一个不甘平庸的女性。1981年，从西安邮电学院毕业后，朱小玲被分配在成都市邮电局从事技术工作。因为文笔漂亮还时而在省报上发表一些文章，颇得领导的赏识。

工作稳定，工资不少，时常还有些大大小小的工作宴，按一般人的眼光来看，着实可以令许多人羡慕不已。但朱小玲并不满足这种平淡无奇的工作。她想如果就这样走下去，什么都按部就班，在局里一些年长者身上就可以看到自己以后的影子，生活已被预见到了，多没意思啊！这正是一叶知秋。

在当时的那个年代，人们以拥有传呼机为荣，虽然不菲的价格让许多人望而却步，但她敏锐地看到腰挂传呼机，对大多数人来说都是必然的趋势。于是，她利用本地维修站情况的优势及自己熟悉通讯产品的进货渠道，毅然办理了停薪留职的手续，成为了第一批下海经商的弄潮儿。

一间沿街的40平方米左右的门面，很快就装修一新。朱小玲跑了南方的几个大城市，带回了十几个传呼机。

传呼机的式样在那时候还不是特别丰富。只有单调的两三种样式。然而比电信局营业大厅所卖的传呼机便宜，而保修期也有相当的优势，没有多长时间她店里的十几个传呼机就销售一空。就在最后一个传呼机售出之后，朱小玲兴奋得一夜无眠。第二天一早她就又奔赴南方。随着进货量的加大以及产品外形的增多，小玲的生意可谓是红红火火，一帆风顺地发展壮大起来。

　　再回想当初的下海，她说："当时我并不是没有后顾之忧的，所以只办了两年的停薪留职。其实那时我的收入还算可以，单位也准备提拔和重用我，但是每天'早八晚五'的工作实在单调至极，所以我决定出来闯一闯，好歹算是尝试，如果实在不行还可以回原单位继续上班。开始我的目标只是要求每个月的收入比在单位多一些就可以了，我主要是希望有一个自由的能发掘自身潜能的工作空间。这些年我做得还是比较愉快的，现在干这行的已经太多了，竞争一激烈，利润就薄。我已决定把这个店给我的侄子打理了，我准备休整一下，再考虑下一步的投资。我的成功，其实还得益于我对中国历史的研究，特别是中国历史中的那些军事智慧，我把它充分地利用到了商场上，在商场竞争中，我懂得要见机行事，不能强而攻之。"

　　我们每个人都想成为机会的宠儿，但是，机会并非垂青每一个人。在前进中，只有耳听八方，眼观六路，才能占据最有利的竞争制高点，指引我们通向成功之路。

3. 机遇是创造出来的

　　人生最大的惊喜是机遇迎面扑来，而你命运亨通；人生最大的憾事是机遇擦身而过，而你一无所获。

　　美国机遇学大师卡尔·彼特说："抓到机遇抓到命，摸到机遇摸到金。凡是机遇并不是明明白白地展现在你的面前，需要你用智慧的大脑去破译。"

　　为什么在现实生活中有的人能抓住机遇，不断走向成功，而有的人却始终与机遇无缘呢？这无疑值得人们去反省、去深思。

　　机遇并非对任何人都是平等的。可以说，它只喜爱那些不断地去寻找、去挖掘、去把握、去创造它的人。或者说它是偏爱与垂青那些有准备的人。这就要求人们要克服恋栈旧巢、安于现状的心态，充实自己，随时注意身边的一切，摆脱惰性，因为机会每一刻都有可能在我们的身边降临。当然，除了做好迎接机遇的准备之外，我们还应学会辨别和选择机遇的能力。因为机遇的到来总是有不同的形态，有时悄悄而来，有时呼然而至，有时独自潜伏在你身边，有时杂于其他事物之中。这就需要我们在反省之中懂得去识别、选择、挖掘与寻找。从对许多成功者的分析中可以看出，其成功的秘诀就在于孜孜以求、目光敏锐、善于开掘和寻找。所以，我们要想很好地捕捉机遇，就必须具备一种"牵挂你的

人是我"的心理素质 和"吾将上下而求索"的追求精神。只有这样，才能使机遇与自己靠近与融合。

在对机遇的捕捉中，我们还要注重"创造"二字，古人曰："智者顺时而谋，愚者逆理而动；弱者坐待时机，强者创造时机。"聪明人创造的机会往往比他遇到的机遇要多得多。因为创造比等待更加重要。

少年时期的弗雷德克便梦想成为一个成功的商人，由于没有什么太好的机遇，他时常显得焦躁不安。

一个很偶然的机会，他发现，如果将冰块化为水，或者加入水中，就可以成为冷饮。他还观察到，在一般情况下人们只是在酒店或者热饮店里喝饮料或酒。到了夏天天气炎热的时候，这些酒店生意都不太好，店主也为之烦恼不已。他立即敏锐地想到，如果在气候炎热的夏季，人们能喝上冰凉的冷饮该是多么舒心的事情！

由此弗雷德克看到了一个潜在的商机。他于是开始不断地实验创造消费。他试着利用冰块做各种各样的冷饮，并将冰块加入各种饮料中调出各种口味的饮品。他经过反复试验，终于试制出适合于多数人饮用的冷饮。

这些冷饮因为在炎热天气下有解暑降温的作用，各种液体经冰镇过又会变得十分可口，所以这些饮品便立即在各个地方，尤其是那些气温高而又缺水的地区率先风靡起来。一时间，冷饮蔚然成风，并逐渐在全国各地广泛地流行。

冷饮的风行大大地带动了冰块的销售，一切都如弗雷德克所预料的那样，冰块的销售业务得到了巨大的发展，并为他带来了巨大的财富。

首先，弗雷德克是一个勤奋的人，他在想到冰块能带来商机的同时，一次又一次地验证了自己想法的正确性。这种动力的真正原因是他不想

错过这个机会，他相信自己的判断。如果不能很好地把握这个先机，别人就会不失时机地去争取。

我们说，抓住机遇就意味着成功，但是，创造机遇并非一蹴而就的，机遇往往在险峰之间，它只钟情于那些不畏艰难困苦的人；它需要我们以百倍的勇气和耐心在崎岖的道路上慢慢摸索。一个少年时的梦想使弗雷德克在灰色的现实中破冰而出。

世界上那些事业有成的人，不一定是因为他比一般人更聪明，而仅仅因为他更懂得创造机遇。美国著名成功学大师安东尼·罗宾认为，成功取决于一系列的决定。成功的人能迅速地做出决定，并且不会经常变更；而失败的人做决定时往往很慢，而且经常变更决定的内容。决定仿佛是一股无形的力量，在我们人生的每一个时刻导引我们的行动、思想和感受。

在日本一个偏僻的山区里，一个因小山村山路崎岖，几乎与世隔绝。几十户人家仅靠少量贫瘠的山地过日子，生活极为贫苦，十分落后。全村人虽然也想脱贫致富，却一直苦于无计可施。

有一天，村里来了一位精明的商人。商人到达这里后，立即感到这种落后的本身就是一种可贵的商业资源。于是他便向村里的长者献了一条致富计策。听完后，长者马上召集全村人，对村民们说："如今都是什么年代了，咱村的人还过着和原始人差不多的生活，我们深感内疚和痛心！不过，大都市里的人过着现代化生活的时间长了，一定会感觉乏味。咱不妨走回头路，干脆过原始人的生活，利用咱的"落后"，定会招来许多城里人。咱们也可以借此机会做生意赚钱。"这一计划博得了全村人的喝彩。全村人从此便开始了模仿原始人的生活方式，披兽皮，在树上搭房，穿树叶编织的衣服。

那位商人不久便向日本新闻界透露了发现这个"原始人"的小部落

的秘密，这一消息立即引起了社会各界的轰动。从此，成千上万的人都慕名而至，参观者络绎不绝，众多的游客为部落带来了可观的财富。有经营头脑的人来了。他们来这里造宾馆，开商店，修公路，将这里开辟为旅游点。小山村的人也开始趁机做各种生意，终于富裕起来了。

在我们一生中会遇到很多机遇。综合素质高、能力强的人善于抓住机遇，并且充分利用它们；具有高度智慧的人更善于创造机遇。

造就一个人成功的首要因素就是机遇。机遇往往是不知不觉或突然地出现，有时甚全永远不为人所知，或只是在回首往事时，才认识到过去的那件事是个机遇，庆幸抓住了它或者后悔失去了它。因此，善于抓住机遇的人应该具有以下基本素质：

首先，要时刻做好准备。充分认识到小事的重要性，做好每一件小事，要知道机遇有时候就蕴藏在小事之中。

其次，机遇一旦出现，就要兢兢业业，全力以赴地抓住它。

再次，要锻炼出敏锐的洞察力，善于在复杂的情况下发现机遇。

如果光想抓住机遇还是被动的，一个真正聪明的人是会主动创造机遇的。如果我们只是坐在那里痴痴地等，那么机遇就永远都不会理会我们。就如那些永远居住在山区里的人，只知道自己所在的地方贫穷，却不知道如何改变这种状况，虽然也知道外边世界的精彩，但只能徒然发出叹息，而那个精明的商人则懂得利用自身创造机遇，并最终带领那些农民走出了贫穷。

在人生的体验中，要知道，并不是所有忠实生活的人都能幸运如意，一帆风顺；并不是所有骁勇善战的将军都能稳操胜券，百战不殆。这是为什么呢？要知道机遇是一种不可排斥的因素，很多时候就是因为我们不知道机遇能改变我们的一生，不知道利用机遇，不知道机遇会让我们一举成名。

可惜的是，并不是所有的人都明白这个道理，并不是所有的人都相信机会能改变自己的一生，能够让自己获得成功。于是他们在机会来临的时候，不仅无法认识到哪个是机会，更无法谈到利用机会来改变自己的命运了。

一个机会不可能出现两次，它总是稍纵即逝的，必须当机立断，只有具有破釜沉舟精神的人，才能在第一时间内抓住机会来改变自己的命运。

"人生能有几回搏"，当我们意识到出现机遇的时候，一定要抓住它，不要掉以轻心，有好多事情往往就相差一点点便失去了这个机遇。

4. 机会喜欢有准备的人

为了捕获猎物，蜘蛛总善于先织好网，等待猎物到来。这是把成功的机会掌握在自己的手上。这就是"蜘蛛精神"。

一位退休后的老教授，去巡回拜访偏远山区的学校，传授教学经验与当地老师分享。由于老教授的爱心及和蔼可亲，使得他到处受到老师及学生的欢迎。

当他结束一次在山区某学校的拜访行程，而欲赶赴其他地方的时候，许多学生依依不舍，老教授为之所动，当下答应学生，下次再来时，只要谁能将自己的课桌椅收拾整洁，老教授将送给谁一件神秘礼物。

自从老教授离开后，每到星期三的早上，所有学生的桌面一定都被他们自己收拾干净，因为星期三是每个月教授例行前来拜访的日子，只是不确定教授会在哪一个星期三到来。

其中有一个学生和其他同学的想法不一样，他一心想得到教授的礼物留作纪念，生怕教授会临时在星期三以外的日子突然带着神秘礼物到来，于是他每天早上，都将自己的桌椅收拾整齐。

但不幸的是，到了下午，往往上午收拾妥当的桌面，又是一片凌乱，这个学生又担心教授会在下午到来，于是在下午又收拾了一次。想想又

觉不安，如果教授在一个小时后出现在教室，仍会看到他的桌面凌乱不堪，便决定每个小时收拾一次。

到最后，他想到，若是教授随时会到来，仍有可能看到他的桌面不整洁，终于，这个学生想清楚了，他必须时刻保持自己桌面的整洁，随时欢迎教授的光临。

带着神秘礼物的老教授尚未出现，但这个学生已经得到了另一份奇特的礼物。

如果我们希望自己获得成功，就要为它创造条件。许多人终其一生，都在等待一个令他足以神往的机会，而事实上，机会无处不在。关键在于，我们应该时刻保持心灵桌面的整齐，为把握机遇做好准备。

查理在被问及是什么时候、如何导致了他成大事的时候，他这样回答："我能确切地告诉你，因为这似乎就发生在昨天。在大学读书期间，我与一个从衣阿华州来的同学同住一间寝室。一天晚上，当我们一伙人团团围坐谈论生活时，他走了进来。我敢说他很兴奋，但是在大家离开前他没说什么。人们刚走，他就禁不住脱口而出：'我家发财了！我的母亲今晚打电话给我，说今天早晨，她去信箱取邮件时，发现一张票额89000美元的支票。'"

"最初的惊奇之后，我的反应是难以掩饰的嫉妒。我向他了解事情的全部经过。他说：'我了解的也不够确切，但是我猜测是这么一回事：我父亲在30年代经济萧条时买了一些股票，后来全忘了。最近这公司正好拍卖了，这钱就是他的份子。'"

这位成大事的人士继续说："那个晚上我躺在床上，很久睡不着，一直在想：'为什么这事发生在他家里，而不是我家里？为什么是他得到了钱而不是我得到了钱？'最后，我试图系统地分析这件事。"

"我想：在我的生活中有什么机会可能给我带来这样一笔横财呢？我悲哀地意识到什么机遇也没有。我没有能涨值的股票，而且，据我所知，我家也没有。我既没有一块或许会突然发现储藏石油的土地，也没有可能被证明是名作的藏画；我也没有什么才能能让人在一个夜晚奇迹般地发现了，从而一举成名——我没有任何能使我马上发迹的东西。躺在床上，我默默告诫自己：'查理，假如你希望在你的生活中也获得那样的机遇，你必须播种，而且最好多播种，因为你尚不清楚哪一粒种子会发芽。'从那以后，我一直在播种。有几粒种子已发芽了，因此我才有今天这样的境况。"

这就是在自己的生活中成就大事的计划者。他们通过播种，取得了自己的成功。俗话说，"一分耕耘，一分收获"、"种瓜得瓜，种豆得豆"，如果我们想体味收获的惊喜，那么不要徒羡别人的运气，以后我们想得到什么，就需要现在开始为将来的收获播种。常言说："与其临渊羡鱼，不如退而结网。"播种机会就像蜘蛛布下八卦阵般的蛛网一样，捕捉飞来的猎物将是指日可待。

抓住机遇，首先必须发现机遇。生活中处处充满机遇。网络上的每一条信息，社会上的每一项活动，生活中的每一次转折，工作上的每一次得失，人际中的每一次交往等等，都可能给你带来新的信息、新的朋友及新的感受。它们全都可能是一次机遇，一次选择，是一次引导我们走向成大事的契机。问题在于我们自身的素质，在于我们是否能发现每一次机遇。不要以为机遇难寻，其实机遇就在我们的身边，甚至就在我们的手上。

也许我们不相信，我们会问机会究竟什么是呢？实际上机会是一种有利的环境因素，让有限的资源，发挥无穷的作用，借此更有效地创造利益。具体地说，在特定的时空下，各方面因素配合恰当，产生有利的条

件：谁能最先利用这些有利条件，运用手上的物力、人力，从事投资，谁就能更快、更容易获得更大的成功，赚取更多的财富。这些有利条件便是机会。

机会有三项要素，即资源、利益和条件的配合。

资源包括个人的技能、知识、人际关系的技巧、智慧、财富、胆量等等，也包括机构或企业的人才、资本、科技、设备、现有的产品或服务，诸如此类。

利益是创造机会的主要目标，也是机会的主要内容。一种条件如果不能为人们带来利益，那就不是机会。利益可以是名誉的提升、形象的建立、金钱的收入或改善；而建立声誉和形象最终也会带来金钱的收入。利益在不同行业里各有不同的具体表现，例如，酒店业要求客房的入住率保持高水平，百货业要求货品流通迅速。而扩大市场占有率、降低成本、提高利润等，都是各行各业共同的追求。

条件的配合是指客观环境和创造机遇者的主观条件互相配合。首先是指客观因素的变化，造成有利的投资环境。例如人口激增，可用的土地有限，造成地价急涨，经济复苏，这是把资金投入地产市场的有利环境。其次是指创造机遇具备足够的条件去利用这个有利的环境。例如买地、技术、发展土地所需的资金、人才等，以创造机遇者个人的眼光、胆识和决断力等。最后是指主、客观因素刚好配合。例如，在地价快要急涨时，先已预见这个趋势，又具备投资的各项条件。

5. 商机蕴藏在信息里

在信息时代，信息已经同能源、原材料等一起构成现代社会生产力的三大支柱。随着当今世界已步入信息时代，信息作为战略资源，可以说有价值的信息就是财富。信息到处都有，网络、杂志、广播、电视里的新闻都包含着大量的信息，甚至街头巷尾都有信息，其中就蕴藏着潜在的商机，关键是看我们有没有发掘它们的慧眼。

黎峰是一位温州商人。他家境贫寒，幼年丧母，小学未毕业就辍学随父亲做些小生意。

在黎峰15岁那年，一条新闻引起了他的注意：福建泉州一个农民靠着养观赏鱼发了财。观赏鱼占地少，投资不多，卖价高，只要掌握了养殖技术，就可一本万利，但要想把这门技术学到手，却需要1500元。心有所动的黎峰，为了省钱，他决定到福州农学院学艺。

温州和福州相距不远，同处东南，但却有千差万别的方言。但黎峰还是克服种种困难学到了养殖技术。回到温州后，赶上1992年国家政府部门从农民中招聘技术人员支援索马里，创办赫贝尔农场。作为一名年轻人，为了出外创业，寻找挣钱致富的门径，黎峰应聘报名。当时在索马里政府的配合下，黎峰作为养殖技术人员做出了自己

的贡献，农场养殖成效显著。农场上千头牛羊成长良好，200多公顷的良田连年丰收，淡水鱼养殖也比较顺利，这些在索马里都是前所未有的。

黎峰在1994年去了南非，到一家浙江人在德班诺港所开的工厂里上班并开始学习英语。黎峰的目标是到法波德尔去创业。半年后经他观察，在法波德尔和纳米斯地区之间有一家皮革厂，但没有制鞋厂。于是他聘用了5个人，从周围地区弄到木材加工成鞋底，然后又买到了皮革，加工木底拖鞋。南非夏季十分炎热，这种木底拖鞋与日本的木屐很像，穿起来很凉爽，加上生产成本低，制作流程简单，如能确保质量，做到价廉物美，自然极受顾客欢迎。

但遗憾的是，黎峰既当老板又当工人，十分辛苦。而他聘来做制鞋工人的都是当地黑人，他们懒惰而无耐心，没经过专门训练，因而生产的拖鞋很粗劣，销路不好。勉强维持了4个月后，倒赔了几千元，不得已便把工厂关掉了。

在工厂关闭后，不甘认输的黎峰开始从温州购进小商品，尤其是简单的玩具和小装饰品等到南非贩卖。南非的小商品经营市场仍存在着较大的缺口，而这些从中国来的小商品很受南非人的欢迎，因为它价廉物美。但小商品的利润并不太大，只能算是小打小闹，扣除海运的费用，赚头不多。

有一次，黎峰回国探亲时与一个朋友聊天，细心的黎峰了解到这样一则信息：国内有一种叫做小黑麦的独特品种，产量和价值是一般品种小麦的10倍以上。黎峰得知小黑麦在国内已经开始推广，但在南非还是一个空白。南非的地价不算高，从国内购进的黑麦种子也便宜，低成本高产出，这使黎峰看到了这一项目的美好前景。于是他立马返回南非，开始着手建立了一个农业科技公司，在南非租地培育小黑麦种子出售。公司以比较低的租金租用了100亩地，租期10年。当时资金远远不够，黎峰千方百计与对方谈判、交涉，对方终于同意让他先交 4 年租金，其余部分分期付清。即使这样资金也告了急，买过化肥后，公司的账面上仅剩下了 5 元钱。但不久黎峰大获丰收，公司越来越红火。

回想起创业的艰难，黎峰曾说："当时要不是好胜心强，真的干不下去了。"

每个人吃的苦和所创造的辉煌基本上都是成正比的，这句话在黎峰身上最终也得到了验证。小黑麦的成熟使黎峰迎来了一个新阶段：麦种很快就占领了南非市场，公司的效益也就水涨船高，黎峰很快就积累起数百万资金。

信息无处不在，无处没有，就好像空气一样。所以如何处理好铺天盖地的信息，是关系到能不能赚钱的重要因素。

冯定献可以说是在旅德华侨中较年轻并成功的一位了。今年刚年届四十的他，是德国冯氏贸易进出口公司和温州献华房地产开发公司的董事长。透过他瘦削的身材和年轻的面容，人们读到的是一个当代商人所独有的诚恳精明与自信。

冯定献 1962 年生于温州乐清白象镇的一户农民家庭，在他少年时就已经步入社会做小生意，学手艺，为自己走向社会奠定了一定的基础。1979 年，年仅 18 岁的冯定献开办了永嘉华通电器厂，在当地激起了不小的波澜。由于他重品质，讲信誉，深受客户的好评，大家都愿意从他这里订货。小小的永嘉华通电器厂很快发展成温州华通电器有限公司，在哈尔滨、沈阳、大连等城市迅速打开了市场，获得了良好的经济效益。随后，他又广开门路，创办了永嘉港龙皮件制衣有限公司，生产"港龙"、"飞狼"牌鞋革、服装类产品，由于他经营有方，管理得当，在上海、大连、北京、哈尔滨、沈阳等城市立住了脚跟，完成了原始积累，

成为当时名噪一时的大老板。

不安于现状的冯定献，在1992年决心抓住机遇，把自己的事业做大，于是只身移民到了德国。当时，很多中国人在国外都是以打工为生，等到攒够了一定的积蓄，再回过头来求发展，而冯定献则是利用国内的优势，克服因陌生环境带来的种种困难，在德国不来梅这个繁华的港口城市创办了德国冯氏贸易进出口公司，从事国内外各类商品的进出口贸易，把温州的打火机及国内服装打入欧洲市场。由于他大胆开拓，不断钻研国际贸易的门道，他的公司经营成功了。

在90年代初，冯定献的家乡温州正在祖国改革开放的春风吹拂下，热火朝天地搞城市建设，亟须一批资金力量雄厚的外商投资。知道自己报答家乡人民的时候到了，冯定献毅然回国投资。当时，房地产业还处在沉寂阶段，温州正缺少高档次、高品质的商品房，冯定献预测到房地产业今后良好的发展趋势，便把大部分的资金与精力投入到房地产开发中，成立了中外合资温州献华房地产开发有限公司，开发了下吕浦商住楼"献华商寓"。"献华商寓"的成功开发，不但赢得了社会上的普遍好评，也使冯定献取得了房地产开发的初步经验。从成功的第一步出发，冯定献再接再厉，一鼓作气，又接连开发建造了车站大道商住楼"献华商厦"和合资项目"利府花苑"，也都取得了成功。

在德国华人界，冯定献一直有着很高的地位。现在，他担任着全德华人社团联合总会荣誉主席、世界和平统一促进会常务理事、旅德浙江华人联合总会副会长等职务。

冯定献每一步都付出了比常人多一倍的努力与汗水，都是凭借自己的实力，把握每一次机遇而取得的。他是一个稳操胜券、有胆有识的杰出企业家。

商场如战场，在企业经营或个人赚钱的过程中，商业信息的作用也同样举足轻重，甚至是决定性的因素。因为商机就是财富，信息蕴藏着商机，精明的人经常从信息中挖掘出财富。一条重要信息带来巨额效益或救活一家企业的报道曾多次见诸报端，这就能证明：信息能创造效益，信息就是金钱。

6. 把握机会需要悟性

　　成功者要想在残酷的市场竞争中处于不败之地，不仅要眼光敏锐，而且还能通过悟性发挥优势，进退自如，运筹帷幄。

　　侯晓军在下岗的那一年开始了白手起家。他是一个有着超乎常人的生意头脑的人，干过印刷，卖过电风扇，最后在汽车装饰领域成就了自己人生的梦想。

　　他自打高中毕业后，就在西安电讯元件厂工作，从学徒到班长、工段长，直到车间主任，一干就是20年。侯晓军说，他做梦也没想到自己会下岗，下岗后整整两个星期，不是蒙头大睡，就是灌酒，足不出户。

　　侯晓军的一位朋友这时候给他提供了一个商机。有批积压的菊花牌落地电扇在这位朋友的手里，让他推销，每卖出一台可收入10元。在国企待了这么多年，他哪会推销，但是不走出去怎么办？尽管从没干过推销的活，但侯晓军为了生存，还是决定试试。他挨家挨户地上门推销，可大多数人还没等他把话说完就摆摆手拒绝了。七月的西安热浪滚滚，在西安繁华的市中心，侯晓军背着一个大挎包，一家一家商场挨着询问。半个月过去了，一台电扇侯晓军都没推销出去。直到七月下旬的一天，在解放路一家综合商店里，一位女经理询问了价格和进货渠道后，竟当场订货 200 台，并要求第二天送货。侯晓军几乎是一路跑回朋友处去提货。虽然他因故只提了 100 台，但也净赚了 1000 元，这比当车间主任时 400 多块钱的月薪高出一倍多。

40 岁的侯晓军，怀揣家人凑的 1000 元钱只身来到深圳。在深圳由于没有一个熟人，他已年届四十，仅是高中毕业的他直到年末整整 60 天还没找到一份工作，而身上的钱已所剩无几了，"尽管没有挣到钱，可我从来没有放弃的念头，总想着会有机会的"。

一家小型彩色印刷厂 6 个月后聘用他为"经营部经理"，实际上就是干推销。老板给了他一辆除了铃不响别的地方都响、破旧不堪的自行车。他就骑着这辆老爷车每天穿行于深圳的大街小巷。侯晓军有了以前的推销经验，这次老道了许多。他敏锐地发现，对没有什么技术力量的小彩印厂，大批量的矿泉水瓶是主要的业务机会。于是在深圳的大街上，他骑着辆破自行车狂追一辆辆公共汽车，还不时停下来记着什么。原来，侯晓军是抄下了车身上印的矿泉水厂家的电话，与他们进行联系，许诺他印刷商标可以在保证质量的前提下，比现商标的印刷价格便宜几厘钱。在其他同事疲于寻求印包装盒、一两盒名片、包装纸的机会的时候，他却拉到了大批的瓶装水商标印刷业务。印刷厂老板决定，让出厂里 15％ 的资产作为侯晓军个人的股，并让他参与分红。侯晓军在这段痛并快乐着的经历中，磨练了自己的经营意识。他发现在深圳汽车装饰行业正在逐渐成为朝阳产业，眼下的一些小小的汽车装饰店很快扩展了规模。

后来，在深圳闯荡了一年多的侯晓军决定留在西安发展。

在当时，西安汽车美容装饰业刚刚兴起，进行汽车装饰装修的只有路边的几家小店。而且西安的汽车经销商在卖出新车后并不承揽新车的装饰装修业务，顾客在买车后得开着车满城去找汽车装饰店，规模和服务都满足不了需求。

多次连续数天他守在汽车销售公司的门口，观察每天的销量。经过

彻底的市场调查后，侯晓军决定放手一搏，把在深圳赚的 5 万元和向亲戚借的 3 万元钱全部投入汽车装饰公司。侯晓军的"陕西猴王汽车装饰有限公司"第一家店开业了，连侯晓军在内，公司仅有 6 名职员，不比其他店醒目多少，如何才能招徕生意呢？

侯晓军通过调查发现，买车人一般都到大的汽车销售公司，图的就是个信誉，要做汽车装饰，肯定也会比较相信这些销售点。另外要确保买主把买车和装修、装饰就近一次完成。

侯晓军于是找到了西安当时最大的汽车经销商长征机电公司，要求在机电公司的汽车销售点租赁一块地方，设立陕西"猴王"汽车装饰有限公司的业务点，"猴王"汽车装饰公司向机电公司交纳租金，双方一拍即合。这次侯晓军真的把准了市场的脉，在开店的第一个月，净收入就达到了 4000 多元。

侯晓军随后继续通过这种方式进驻了陕西五大汽车经销点。稳定的客源带来了巨大的利润，短短一年多的时间，侯晓军的"猴王汽车装饰有限公司"与陕西省五大汽车经销商都建立了良好的关系，完成了资本的原始积累。

这种"服务跟进销售"的经营模式使公司一举成为陕西新车装饰装修行业中的老大。

接下来，雄心勃勃的侯晓军并没有沉浸在眼前的胜利中，而是饱含激情地决定进军旧车装饰装修业。当时一些汽车装饰店用伪劣产品冒充高档产品，"来一个宰一个"，侯晓军却坚持保质保量。他积极联络大型的单位车队，提出与顾客"一次握手，永远是朋友"，并提供上门服务。他把顾客的资料全部输入电脑进行管理，加强售后服务，保证服务质量，并每年一次向所有客户发一封慰问信。服务到位，使公司业务量急剧上升，从一个不起眼的小公司发展成一个资产逾千万的集团公司。

　　万事万物在其发展过程中，总会隐含一些决定未来的玄机。对于创业者来说，如果能够把握住这种玄机，那么就意味着可以握住未来；把握住了未来，也就是把握住了成功。

　　那么，作为创业者，如何才能把握住事物发展中的玄机呢？这就需要创业者要对所有事物、特别是与自己关系密切的事物保持一种灵敏的触觉。这种触觉也就是一个人的悟性，如果有了这种触觉和悟性，就很容易把握住事物发展的玄机了。

　　因此，对于创业者来说，在创业的时候一定要把自己的悟性培养出来，一定要培养自己灵敏的触觉。这样，在机会来到的时候，我们就能够顺利地登上机会的快车。

　　所谓机会，也就是那种可遇不可求的好时机，它的来到就如同一列快速奔驰的列车一样，而每一个想要登上这列快车的人，根本不可能在它到来时再手忙脚乱地去抓它，到那时我们想抓住它就很困难了。我们想登上它，就得提前做好准备。比如说，我们的精神首先要高度集中，以便能随时随地在它来临的时候有迅速登上它的思想准备；其次，我们还得事先活动活动筋骨，以保证在它来到时我们能够四肢敏捷地一跃而起，登上它。

　　记住，如果我们有值得追求的目标，只须找出为什么你能达到这个目标的一个理由就行了，而不是要去找出为什么我们不能达到你的目标的几百个理由。

7. 在机遇面前拿出勇气

在经营生意时，很多商人在风险面前瞻前顾后，缺乏胆识，不是担心这个，就是担心那个，结果因为惧怕承担风险而失去了最诱人的"奶酪"。只有那些有勇气去面对各种机遇的人，才会永远拥有美味的"奶酪"。

耀华集团创始人何建国有一句名言："池塘就像一个地区，企业就好比生活其中的鱼。池塘里若都是小鱼，那么池塘里的空间、资源是够的。但是小鱼总会长大，小鱼成了大鱼就会从一个池塘跳到另一个池塘去。所以要是想做大做强，对外投资是必经之路。"

1985年，何建国还是一个校办工厂的推销员，推销员总是天南地北地跑。一个偶然的机会，他碰到了半球集团的老总。两个人在闲聊之余，半球集团的老总告诉他说冰箱的继电器也得靠进口，听了这话，何建国非常震惊，但在震惊之余，他想到更多的是行动：我要给中国人争口气！1986年，何建国把他的想法落实到了行动上，创办了耀华电器厂，"耀华"二字，倾注了他"光耀中华"的决心和为此而奋斗的希望。

在何建国的经营下，耀华电器发展得有声有色，再加上依托在温州这个大的经济环境中，"耀华"可以说是乘东风而上，一路顺风顺水。20世纪90年代正是温州柳市电器突飞猛进的时期，何建国却已为当地电器企业的生存而忧虑：柳市狭小的平台上，短短几年，就出现无数电器厂、电器集团。表面上看起来这是好事，一个小小的镇就有这么多的电器老板，但实际上，过多的生产电器，销路跟不上，这必将导致恶性竞争，进而引发"价格大战"。如果真到了那一天，那后果将不堪设想。自己当初成立耀华的初衷就是要光耀中华，如果这么多电器工厂的存在无法给社会带来更多财富，反而会因为陷入价格战的泥潭，破坏整个市场环境，岂不是跟自己当初的设想背道而驰？何建国的想法是好的，而且他能这么想，也说明他已经看透了当时的情况。但问题是，这么多的电器企业，能够在竞争中生存下去的，也许只有寥寥几家。那么，怎么避免自己不在竞争中惨遭淘汰呢？难道仅仅是被动等待吗？当然不是。何建国不是那种会被动等待的人，他想，这里既然路子越走越窄，那我们何不走出这里，到外面广阔的世界里去寻找更广阔的空间？

对于自己的这个想法，何建国感到非常兴奋。他经过一番深思熟虑之后，带着他的耀华集团突然从温州柳市的电器行业中消失了。从1996年开始，何建国带着他的耀华一直在实践他的这个设想：带领耀华到全国寻找合适的土壤生根发芽。到了2008年，已经12年的时间了，在这12年的时间中，耀华集团走出了一条与其他温州企业不同的发展之路：参与国有企业改革，通过租赁、参股、承债及控股等方式并购了包括合肥高压开关总厂和安庆变电器厂在内的16家企业。

与此同时，温州的很多企业看到了何建国的成功，也纷纷从温州这个狭小的平台中走出来，进入安徽，参与当地的国企改革和行业整合。他们先后兼并收购了安徽一百多家大中型企业：胜华电缆集团收购了安徽电线电缆厂；万事利集团兼并收购合肥动力机械总厂等3家企业。宝业集团投资2.35亿元建成中宝机械制造有限公司，正在安徽全力建设集建筑施工、房地产开发、住宅产业化、机械加工制造四大产业为一体的第三大基地……

经过近10年在安徽投资的摸索，何建国已经有了非常切身的体会，

他把兼并的过程看成为"优势互补"：人家看中的是我们灵活的管理体制和营销网络，而我们看中的是人家的技术、人才和品牌优势。

20世纪西方国家一度盛行的企业兼并热潮曾被视为企业快速做大做强的最佳方式。但不久人们发现，企业兼并、联合存在诸多内部问题。那么，作为企业快速做大做强的最佳方式为什么没有让企业走向更加繁荣，反而纷纷落马呢？一个重要的原因就是"理念不兼容"。

何建国对这个问题进行了深刻的思考。大家都知道，要融入一个企业，需要改良企业的理念，那么要融入一个地区呢？何建国非常清晰地意识到：必须要给这个地区渗透"温州商人的经营理念"，要兼并这个地区的企业，就必须让这个地区的企业适应自己的经营方式。传播一种经营的理念，不像是讲一堂课那么简单，而需要一个平台，需要有一个强势的管理。就在这个时候，安徽省浙江商会应运而生了，而敢做敢为的何建国被大家推选为安徽省浙江商会的会长。

在何建国的带领下，浙江商会发挥民间商会的网络优势，以商引商，协同政府积极拓展两省经济技术合作的新领域。不仅帮助企业论证项目，协调银企关系，发挥桥梁和纽带作用，还引导和鼓励浙江民营资本参与国有、集体企业改制和公共事业建设，并取得了可喜成绩。

查尔斯·F·凯特林说过："勇于尝试，那么在某件事上栽跟头可能是预料之中的事；但是，从来没有听说过，任何坐着不动的人会被绊倒。"是的，如果不去尝试，只是想着如何享受，那么，根本不会有失败之类的风险。可是，同时也少了成功的喜悦。

因此，勇气对于创业乃至任何事情都是极为重要的。心理学研究表明："人对于未知的事情会有一种陌生感，陌生感会产生恐惧感，恐惧感会使人裹足不前，不敢去接触那件事情，越不接触就越恐惧，形成恶性循环。使人消除恐惧感的惟一办法就是去接触那件事，而且越快越好。"

8. 机遇是不会主动"暗送秋波"的

哪里有机遇？大多数人不善于培养自己发现眼前机遇的习惯，总认为机遇离自己还有很远。凡事有所作为的人都是有心者，他们都习惯发现眼前的机遇，因为他们知道，机遇是不会主动"暗送秋波"的。

伯纳德·巴鲁克是美国著名的犹太实业家、政治家和哲人。20 多岁时候的他，就已经成为人人皆知的百万富翁。同时，在政坛上也扶摇直上，鹏程万里，从而赢得权力、事业的双丰收。后来，总统威尔逊任命他为国防委员会顾问和原材料、矿物和金属管理委员会主席。时隔不久，他又被政府任命为军火工业委员会主席。巴鲁克在 1946 年政绩又跃上一个新的台阶，有幸成为美国驻联合国原子能委员会的代表，他在 70 多岁的高龄时依然雄风不减。他曾提出过建立一个以控制原子能的使用和检查所有原子能设施的国际权威的著名计划——"巴鲁克计划"，这就是国防原子能机构的雏形。

巴鲁克跟很多犹太商人一样，在创业伊始，也历尽了千辛万苦，正是因为他拥有一双善于发现事物之间联系的眼睛，在常人看来是风马牛不相及的事情，他却能发现它们之间存在的联系，从这种联系中找到属

于自己的发财机遇，并一夜暴富。

1899年的7月3日，28岁的巴鲁克从家中的广播里忽然听到一个消息：联邦政府的海军在圣地亚哥消灭了西班牙舰队。这意味着持续了很久的美西战争即将告一段落。

正好这天是星期天，第二天即7月4日，也就是星期一，以往，证券交易所在星期一不营业，但私人的交易所则依旧工作。巴鲁克马上意识到这是一个千载难逢的发财机会，他如果能在黎明前赶到自己的办公室并大把吃进股票，那么自己肯定会大赚一笔。

然而在19世纪末，惟一能跑长途的只有火车，而且火车晚上还停止运行。为了把握这稍纵即逝的机遇，巴鲁克用天价在火车站个人承包了一列专车，火速赶到自己的办公室，黎明前做了几笔让人羡慕的生意，上午，他的股票价值就翻了几十番。

机遇就像禀赋、天资一样，它只提供一个条件，一种可能，一个机缘。最有希望成功的，是善于利用每一次机会，并全力以赴的人，而并不是才华出众的人。人生活在世上有没有双手并不重要，重要的是我们是否有伸出双手的意识。

一个生活艰辛的巴黎印刷推销员的儿子——迈耶，为了养家糊口，16岁时的迈耶不得不离开学校，在巴黎证券交易所当一名送信员。迈耶在这年夏天，撞上了他的第一次好运。他的姐夫受雇于巴黎的一家小银行——鲍尔父子银行。此时第一次世界大战爆发了，他的姐夫应征入伍，这个空缺职位被迈耶趁机申请并获得了。这次机遇的把握，不仅使他从此闯入了银行界，而且由于战争造成的银行工作人员大量流失，使他在16岁时就得以自由地学习这个行业所有的东西。很快，迈耶就成了鲍尔

银行一个精明的员工，这个消息就很快地在银行界传播开来了。

法国金融界声誉很好的拉扎尔兄弟银行的老板大卫·韦尔在1925年看上了迈耶，他认为迈耶是个可造之材。并邀请他加入拉扎尔。迈耶很感兴趣，但他提出了一个问题：我多久才能成为合伙人？大卫·韦尔未置可否，迈耶也就婉拒了这个邀请。

一年过去了，大卫·韦尔重提此事，条件是：有一年的试用期，如果迈耶的表现有大卫·韦尔想像得那么出色，那么一年后迈耶就可以成为拉扎尔的合伙人，反之，迈耶就得离开拉扎尔。迈耶这次立即接受了。

1927年，迈耶如愿以偿地成为拉扎尔的合伙人，迈耶没有辜负大卫·韦尔的期望。但是，迈耶还在寻找新的机遇，他并没有满足于这个成就，他的追求是想成为一个名副其实的银行家：为公司的发展安排交易、出谋划策、筹措款项，同时为银行寻找有利可图的投资机会。迈耶认为这才是拉扎尔的主要活动所在。

第二年，迈耶的运气来了——拉扎尔银行在这年成为实力雄厚的雪铁龙汽车公司的主要股份持有者。这时，雪铁龙公司首次引进了赊销汽车的办法，这种办法是通过雪铁龙的一家子公司——"赊销汽车公司"，法文简称为"索瓦克"来实施的。

然而，"索瓦克"是雪铁龙的老板惟一使用的汽车促销工具，而迈耶马上想到了"索瓦克"更多的用途，比如赊销工程建筑材料、家用器具，甚至房产等等，他建议大卫·韦尔联合另外两家银行买下"索瓦克"，把它变成一个业务范围广泛的消费品赊销公司。

雪铁龙的老板认为迈耶的建议对雪铁龙没有坏处只有好处，"索瓦克"将继续不销售其他品牌汽车，只销售雪铁龙汽车，还将从事其他领域的工作。"索瓦克"的转手，使雪铁龙不必再拿出资金用于销售了，这对于资金来源相当吃紧的雪铁龙来说，是很受欢迎之举。这一建议也得到大卫·韦尔的同意。

　　迈耶于是开始四处活动，最后找到了两家合伙公司，一家是摩根公司，世界上最负盛名的私人银行，另一家是"商业投资托拉斯"，当时全美最大的消费品赊销公司。他们两家都答应购买股份。

　　合作伙伴有了，接下来就是寻求作为销售机构的商业客户，他很快就与著名的电器制造公司凯尔文·耐特签订了合同。随后商家纷纷找上门来，这样"索瓦克"开始运转，它给投资者带来了持续不断的利润，时至今日，它仍财源不断，势力强大。

　　"索瓦克"成功的经营模式，让金融界知道，迈耶是一个成熟的银行家，他不仅能设计出一个宏大的构想，而且还表现出了使这个构想得以实现的决心和能力。

　　机会在追求财富的过程中，像流星一样极易逝去。它燃烧的时间虽然很短，却往往能带来巨大的能量。也许只有那么一次小小的机会，却能让我们大发其财，甚至成为巨富。

9. 磨练看准时机的眼力

我们看准时机需要眼力。如果没有善于训练自己眼力的习惯，即使金子摆在自己面前，也如同石头一样。有所作为的人善于养成这样一个必不可少的习惯：磨练看准时机的眼力。

老演员查尔斯·科伯恩曾同一位儿童记者进行过一次交谈。记者问的是一个很普通的问题：一个人如果要想在生活中成大事，需要的是什么？精力？大脑？还是教育？

查尔斯·科伯恩摇摇头。"这些东西都可以帮助你成大事。但是我觉得有一件事甚至更为重要，那就是：看准时机。"

"这个时机，"他接着说，"就是行动——或者按兵不动，说话——或是缄默不语的时机。在舞台上，每个演员都知道，把握时间是最重要的因素。我相信在生活中它也是个关键。如果你掌握了审时度势的艺术，在你的婚姻、你的工作以及你与他人的关系上，就不必去追求幸福和成大事，它们会自动找上门来的！"

这位老演员是正确的。我们如果能学会识别来临的时机，在时机溜走之前就采取行动，生活中的问题就会变得大大简化了。那些反复遭受

挫折的人经常对不怀好意、毫不留情的世界感到泄气，他们几乎永远意识不到：他们一而再、再而三地进行了恰当的努力，但却在不恰当的时机放弃了。

在雪菲德裤袜公司工作的一个年轻人发现，大多数身材比较正常的女士是该公司的主要顾客，体型宽胖的女士很少来购买裤袜。这种现象很快引起了他的注意，于是他和几个同事进行了专门的市场调查。调查的结果中显示，有近40％的妇女在为自己特大的臀部而苦恼甚至自卑，调查中还发现这批女人都不穿裤袜，她们认为裤袜对遮掩大臀部无济于事。

他于是向公司提交了一份报告，建议生产能够适合体形较大的女士穿的裤袜。在长期的激烈争论中，一派认为，这40％的妇女不穿裤袜是因为市场上裤袜不适合她们穿。如果研制一种适合她们的特种裤袜，肯定令她们喜欢。另一派认为这40％的妇女是不会穿裤袜的，裤袜对她们没有吸引力，不可能形成市场。

经过进一步市场调研，公司认为不能放弃这么大的市场，决定设计生产一种叫"大妈妈"的新型裤袜。结果，肥胖臀大的妇女穿上这种裤袜后一扫以前臃肿肥胖的形象，让她们充满了信心和快乐。投放市场不到一个月就收到了上千封的赞誉信，销路一直很好，受到广大肥胖女士的青睐，这个市场的开拓很快奠定了雪菲德公司在特种裤袜的垄断地位。

正是这个有心的年轻人给公司提供了一个极为珍贵的建议，不仅公司的利润得到了很大的提高，同时自己也获得了别人的赞誉和公司的奖赏。其实，这位年轻人也没有什么过人的地方，只不过他很注意留心身边的一举一动，发现了市场上的空白，从而获得了成功。

在我们追求财富的同时，常常是机遇伴随着我们成长，但决定我们命运的是我们对机遇的看法，而不是机遇。如果不同意生产那 40％女士需要裤袜的一派决定了最后的结果，那么这个庞大的市场空白也就就此错过了。

许多人都把能看准时机看成是一种天分，也就是生来就具备的，就像是具有音乐细胞的耳朵一样。但情况并非如此。通过观察那些似乎有幸具备这种天分的人，我们会发现，这是一种任何人只要努力留心都能获得的技能。

为了掌握恰到好处地处理时间的艺术，有人建议我们必须牢记五个必要的条件：

（1）要不断地提醒自己，掌握好时间在待人处世上具有重要意义。莎士比亚曾经写道："人间万事都有一个涨潮时刻，如果把握住潮头，就会领你走向好运。"一旦我们明确了"看准时机"的全部重要意义，就朝着获得这种能力迈出了第一步。

（2）和自己订一项条约，就是当我们被恐惧、愤怒、嫉妒或者怨恨的漩涡所驱使时，千万不要说什么或者做什么。这些情绪的破坏力量可以毁坏我们精心建立起来的"观时机制"。古希腊哲学家亚里士多德曾留下一段著名的话："任何人都会发火的——那很容易；但是要做到对适当的对象，以适当的程度，在适当的时机，为适当的目的以及按适当的方式发火就不是每个人都能做到的了。这不是一件容易事。"

（3）加强自己的预见能力。未来并不是一扇关闭了的大门。大多数将要发生的事都是由正在发生的事所决定的。相对来说，很少有人能通过自觉的努力来设计今后的自己、预测未来的可能性并照此行动。

（4）学会忍耐。我们不能不信服爱默生所说的："如果一个人将自己置于天分的土壤中，并且坚定不移的话，巨人般的世界也会向他让步。"

获取这种耐力是一种智慧与自制力的微妙的结合体，它没有灵丹妙药。但是我们必须明白，过早的行动往往是欲速则不达。

（5）学会做一个局外人。我们的每时每刻都是与所有的人共享的，每个人都会从不同的角度去看待周围发生的事情。于是，真正地把握时机就包括以一个局外人的角色去了解其他人是怎样看问题的。

要想享受成功的人生，我们必须学会抓住时机，审时度势。

10. 机遇总是照顾那些有心之人

每个人的成功都离不开机遇。当机遇蓦地降临到我们身边时，敏锐的头脑就显得更为重要。

机遇总是照顾那些有心之人。无意留心的人总是让机遇从身边匆匆溜走。当然，有心还要有魄力和决心，假如我们觉得这是一个机遇，却总是犹豫不决，瞻前顾后，生怕失败了会血本无归。那么，无论我们怎样地期待停留下来都是无济于事的，有些人认为，一些人之所以不能成功，并不是得不到命运之神的垂青，并不是因为没有机遇，而是因为他们太大意了。他们的大意使他们的眼睛浑浊而呆滞，因而机遇一次一次地从他们的眼前溜走而自己却浑然不觉。

对于某些想要成功的人来说，要想捕捉机遇，就必须擦亮自己的眼睛，只有这样，我们才能够在机遇到来的时候伸出自己的双手，从而捕捉到成功的机遇。

在美国的一个年轻人，由于长期受到同事的嘲讽、老板的戏谑，让他十分的沮丧，情绪一度压抑、低落，到了最后竟然得了忧郁症，为此，他不得不去看心理医生。

医生给了他一个奇怪的建议。他说："如果你想发泄你心中的怒火，

我们会给你提供一项特殊的服务，你只需要20美元就可以获得一次发泄的机会，我们玩一个'报复者'游戏，你可以随便打我人体的有效部位，直到你认为满意了为止。"

对于这个建议，这个年轻人觉得很奇怪，但是也觉得很有趣，虽然他没有去打这个医生发泄，但这不禁给了他某种灵感。他想原来打人，甚至发泄也可以赚到钱，于是他就找了做玩具的朋友说了自己的主意：是否可以做一种让人们发泄的玩具？让那些平日里在现实生活中受到各种难以忍受的压力、想发泄而又不能直截了当地发泄的人得到满足。

朋友赞许了他的这个主意，于是两个人合力研究出了一种"报复者"玩具。这种玩具一上市，果然销路出奇得好，受到不少人的青睐。他们又开设了一家专门供人们泄愤的"发泄中心"，"中心"里面摆放着各种各样的供人们翻滚、殴打、怒吼的假想对手。只要你关上门任由发泄，直至闷气泄尽、筋疲力尽为止。这个生意十分的兴隆。

这个年轻人因一次偶然的看病机会，给了他无限的灵感，拨动了他敏锐的触觉。因为他知道，像他这样的每天都在紧张繁重的生活中度过的人很多，他们需要放松自己，需要让自己成为主角，而不是每天都在压力下度过。

有些人与生俱来地有一种观察的兴趣和能力，天生就有一种敏锐的触觉，他们很在乎身边人的一言一行，把观察当作一种随心所欲的事情来看待，而不是把它当作一种责任。

只要我们有心做一个具有敏锐触觉的人，只要我们在后天的实践活动中不断培养，也是一样可以形成这种敏感度的，任何人只要勤奋努力就能拥有。拥有了敏锐的触觉，我们创业的步伐就会加快，我们离成功致富的彼岸就会更近。

那么触觉与成功致富又有什么必然的联系呢？在一般人眼里，这两者似乎很难联系起来。其实并非如此，我们常说创业的人要善于抓住机会，机会真正来到我们的面前，我们靠什么来判断它是不是真正的机会呢？靠的就是优秀的触觉，如果我们没有敏感的触觉，机会也许就会和我们失之交臂。

我们还经常说，善于创业者也是最善创新的，创新固然需要有创新的意识和能力，但创新的目的是什么呢？难道仅仅是为了创新而创新吗？肯定不是。创新是为了使自己的创新成果能够有用于社会，并能为自己创造可观的财富。

对于那些想在商海闯荡，欲创办自己企业的创业者来说，敏锐的触觉，特别是敏锐的市场触觉更是不能缺少的重要素质之一。

在湖南省湘乡一个偏僻小山村出生的王填，家里生活过得非常艰苦，祖祖辈辈都是农民。为了摆脱那种面朝黄土背朝天的日子，从小就非常懂事的王填努力读书，决心改变自己的人生。

不负众望，王填考上了湘潭市商业学校。当时，有许多是有钱人家的孩子去读商业学校。可是王填倒不嫉妒，他反而想：花父母的钱不算本事，靠自己能力挣来的钱才算真本事。一天，王填去商店买课本，听到店老板与顾客为没有热水瓶胆而争执。聪明的王填动了下脑筋一想，如果专门卖热水瓶胆肯定能挣钱。

在做热水瓶胆销售上，王填开始了小范围内的攻城略地，两年来他几乎将湘潭市大中专院校的热水瓶胆生意垄断了。

毕业后的王填，来到"南北特食品公司"上班，他从一个打杂工半年后变成了采购员，负责公司的食品采购工作。又因业务突出，王填被公司任命为业务科长。在王填的努力下，金龙鱼油、雀巢咖啡都从合资企业引进到湖南来，甚至长沙商家也都来"南北特食品公司"进货，这在全国的影响很大。

　　王填后来主动要求下岗，决定继续做食品零售。他借款 5 万元成立了"湘潭市步步高食品公司"。5 万元在当时做食品批发，顶多只能进半车植物油。要想改变这种状况，只能做新产品。选来选去，王填选择先做方便面生意。经过一系列谈判工作，王填拥有了台湾"统一集团"的方便面在湘潭的经销权。

　　"统一"方便面运到湘潭后，销售势头出奇得好。王填有一次去离湘潭不远的湘潭县作市场调查，在湘潭县城发现，在这里寻不到"统一"方便面的踪影。于是他改坐销方式为推销。在推销的方式下，不出半年他就建立了大约 800 多家的分销终端网络，取得了众多供应商的支持。"步步高公司"的名气也就越来越大了。

　　为了引进金龙鱼的经销权，让当时资金紧张的王填费尽了脑子。想来想去，终于想到了好方法，与另外一商家合作，互相支持，于是王填又很快把金龙鱼的经销权抢到手中。

　　一天，一条并不显眼的消息被王填发现了：羊城即将筹办一个中国零售业的高层研讨会，主要探讨中国国营零售业的发展之路。以"发展连锁超市是中国零售业的发展方向"为主题。王填感受到"连锁超市"就是自己公司的经营理念和发展目标。于是，他决定在湘潭办超市。

　　回到湘潭后，经过市场调研，王填选择了在市中心地带做超市，"步步高"解放店正式开业前的那天晚上，王填没有睡好觉，他一直为开业生意能否火爆而担忧。令王填高兴的是，开业时，店门还没打开，门外已是挤得水泄不通，人山人海了，看到如此令人心动的场面，他知道，自己又一次赢了。

　　但湘潭其他商家从"步步高"连锁超市生意的火爆，看到了商机，从而引发新一轮的商业竞争。王填为避免恶性竞争，决定在中小城市寻求发展。时机成熟时，再向大城市进军。以低成本运作、仓储式购物、低价格经营的"步步高"岚园量贩广场开张了。

王填又创造了湘潭商业的一个奇迹。王填几年来，将公司发展成湖南省最大的连锁超市之一，分店遍布全省各地。

在事业上，王填是个永不满足的人。他有自己的经营梦想：王填希望能把"步步高"做成中国的"沃尔玛"。

"幸运之神不会眷顾你两次。"这是西方的一句谚语。没有人能够一而再地遇到好机会，一旦得到，就要好好把握，千万不可任由它轻易溜走，真正的良机确实很少重现。

生活中真正缺少的是发现的眼光，并不是缺少财富，这样的道理同样也存在于创业的每一个阶段。只要我们是一个善于捕捉机遇的人，哪怕在喝茶的时候，我们也一样可以发现财富和金子。机遇有时是靠自己去争取的，如果我们的人生因为自己的独具慧眼而变得更加精彩和有分量，那是否愿意错过现在身边潜伏着的一次次机遇呢？

敏锐的触觉是马虎不得的，对于一个急切盼望成功的人来说尤其重要。当我们想在一个领域内有所作为，那么首先这个领域内要有很大的市场需要，我们的事业就成功了一半。敏感型性格的人，往往就具有这种常人所没有的敏锐观察力，他们的财运也因此比别人来得早。

触觉灵敏的人创造力非凡，想象力是非常丰富的，其对身边信息的敏锐感是无与伦比的，他们善于掌握信息，发现商机，往往能在别人未出手之前就出手，从而大获其利。

第六章

善变通,成功的路不只一条

当路走不通时，不要再一味顽固，而是要变换思路，要改变陈旧的观念，打破世俗的牢笼。思路广一点，出路就多一点，这就叫思路决定出路。思路的改变就是命运的改变!朋友们，千万不要因为陈旧的思路而使自己成为一个失败者。

1. 中规中矩要不得

有一个哲学家说："惟有变化才是永恒的。"随着时间的流逝，世界必然会发生变化。当环境发生改变时，一定要反省自己：我变了没有？为什么有的人能够青出于蓝而胜于蓝，长江后浪推前浪，原因就是因为他们在新的关系中有了发展和变化。在新的环境中，他们自身有着无可替代的优势。如果你一成不变，那么肯定不能在社会里从容自如地生活。

从前有个读书人，不管做什么事情，都中规中矩，喜欢引经据典，并坚信古训不可违。有一天，他家失火了，他嫂子气喘吁吁地对他说："速，速！速喊你哥哥救火，他在隔壁李老爷家下棋。"读书人出了大门。自言自语道："嫂嫂叫我速，圣贤书上不是说过'欲速则不达'吗，我岂能速！"于是，他慢慢吞吞地走到了王老爷家，一见哥哥正在兴高采烈地下棋，便默默地立在哥哥身旁观棋。等到一局下完了，他才说道："哥哥，家中失火，嫂子叫你马上回去救火！"

他哥哥一听，气得浑身发抖，骂道："你在这里待了半天，为什么不早说？"读书人指着棋盘上的字说："兄不见此棋盘上明明写着'观棋不语真君子'吗?!"他哥哥见他还在假斯文，举起拳头要打他，但又缩了回来。他见哥哥缩回拳头，反而把脸凑了过去，说道："哥哥，你打吧！棋

盘上不是明明写着'举手无回大丈夫'，你怎么又把手缩回去了呢?"

故事中的这个读书人十分可笑，他就是我们常说的书呆子，这种人做起事来不去思考该怎么办，只会中规中矩地"照章办事"，结果不是闹笑话，就是惹麻烦，总之很难有什么作为。

李维是个年轻的小伙子，人品很不错，做起事来中规中矩，但不知为什么在生活中却总是碰壁。先说找工作的事吧，现在大学生就业普遍存在困难，所以很多学生从大四就开始找工作，大型的人才招聘会一般也都安排在每年的三四月份，这位小伙子却认为找工作是毕业后的事，于是当同学们到处面试时，他还在抱着圣贤书；同学们纷纷签约时，他还在忙着准备毕业论文，等到7月份毕业证书到手后，他开始准备找工作了，可已经没有什么好公司在招聘了，他只好去了一家小公司。

李维的恋爱也是一波三折。他喜欢上了公司的一个女同事，准备向她表白时，一个消息灵通的同事告诉他一个情报：这女孩不喜欢花，改送别的小礼物吧! 小伙子犹豫了一下，却还是决定送红玫瑰，原因很简单：依照惯例，求爱就应该送花。结果女孩勉强收下了花，却因为出疹子几天没来上班，原来她有严重的花粉过敏症，当然两人的好事也就不了了之了。

这个小伙子错就错在不该依据所谓的惯例来思考问题，因为世界上没有什么是一成不变的。如果你养成了循规蹈矩的思维习惯，死抱着既有的套路不放，那你就会成为习惯的牺牲品。

循规蹈矩的人也没有什么错，但他们的那种做事的态度与方法不一定能适应复杂多变的现实。面对现在竞争激烈的社会，老是想着以前怎么样是行不通的，要多看看现在，你变了没有。因为只有拥有创新能力

才会有核心竞争力。大多数成就大事的人都具有标新立异的特点，他们能从别人看来几乎是金科玉律的做法中发现不足之处，然后仔细分析，加以改正，并因此获得令人羡慕的机会。这种人应该成为我们学习的榜样。

中规中矩并不能保证我们做事不出差错，事物每天在变化，我们只有突破传统思考方式，不断寻找机会，才能圆满完成自己的任务。

日本知名的企业家通口俊夫领导的企业执医药界的牛耳，分店遍布全国。然而当初刚刚开始经营时，他也曾遭到严重的瓶颈。创业初期，他沿着铁路沿线开了三家店，但是生意却非常差。这一天，他垂头丧气地从店中出来，坐上火车回家。"怎么办呢？店里的生意这么差，就快要撑不下去了！"通口先生心里嘀咕着。坐在前排的几个小学生的嬉笑声，打断了他的懊恼。他抬起眼来往前看了一看，目光被一个孩子手上抢转的三角板给吸引住了。"是了，我的三家店位于同一条直线之上，所以有效客源无法集中，应该要呈三角鼎立，如此三点连线起来，就能确保中间的客源了。"不久，他关闭了两家店，另外又开了两家新店，三家店鼎足而立。果然，过了没多久，业绩直线上升。通口先生用这种三角经营法陆续地开了上千家分店，成了全国知名的企业。

所以，遇到阻碍时，应该仔细反复地推敲思考，找出问题真正的关键所在。在不为人知的一个角落里，永远藏着一个通向光明的出口，等待聪明人去发现。这就是通口俊夫给我们的启示。

固有的思维模式和思维习惯有可能会给我们的心理制造更高的栅栏，就像今天有成千上万的推销人员徘徊在路上，疲惫，消极，收入不足。于是有太多的人抱着希望踏进来，又有大批的人带着失望走出去。为什么？因为他们所想的一直是他们所要的，而不是让大家知道他的服务或

商品将如何能帮助民众解决问题，为民众带来方便。欧文梅说："一个能从别人的观点来看事情，能了解别人心理活动的人，永远不必为自己的前途担心。"于是当第一次碰到挫折的时候也许觉得没什么，第二次，第三次碰到挫折的时候，他就会怀疑自己是不是真的能做好推销工作，于是当他第四次去推销的时候，他事先已经在心里给自己设置了一个心理的栅栏，那么他绝不可能成功，因为他无法跨越心理的障碍。因而我们要学会换一种角度看事情，出现了问题要试着打破固有的思维模式，换位思考，也许会有新的发现，会找到成功的突破点。

有一个男孩，体重不足，拒绝好的饮食，父母对他全无办法。父亲最后对自己说："这个孩子要的是什么？我怎样才能把我所要的变成他所要的？"

当他开始往这方面想时，事情就容易了。这个孩子有一部三轮车，喜欢在家门口的人行道上骑来骑去。附近住着一个大男孩，常常将他拉下，把车抢去骑。每当小男孩哭叫着跑回去告诉他母亲，她就会立刻出来，把那个大孩子拉下来，把他的小孩再抱上去。小孩要的是什么？这不是明摆着吗？他的自尊，他的愤怒，驱使他采取报复行动。而当他父亲告诉他说，有一天他可以把那个大男孩打得落花流水时，他就不再偏食了。他愿意吃菠菜、泡白茶、咸鱼及任何东西，以便快点长大，把那个常羞辱他的小霸王痛揍一顿。只要你设定这样的思路，打破固有思维带给你的栅栏，那么机会也许就会在不经意间惠顾你。

专门从事运动心理学研究的美国斯坦福大学教授罗伯特·克利杰在他的著作《改变游戏规则》中指出："在运动场上，很多选手创造佳绩，都是因为他们打破了传统的比赛方法。"杰出的运动选手普遍具有这种"改变游戏规则"的特征。根据罗伯特·克利杰的结论：突破传统的思维定式可以创造意想不到的奇迹。所以，如果你想改变命运，那就突破传统的思路，避免中规中矩的做事方法吧！

2. 打开思路才有出路

当我们面对新知识、新事物或新创意时，千万别拒之于千里之外，应该将你的思路打开，接受新知识、新事物。一个奇妙的想法，一个小小的改变，往往会引起意料不到的效果。

纵观商业发展的历史，很多成功的企业，究其经营的秘诀，无不是靠推陈出新制胜。尤其是从 20 世纪中后期以来，市场竞争异常激烈，推陈出新作为经营方法和竞争手段更是赫然在目。发展的契机总是伴随着独创的头脑而来的，独创并不是高深莫测的神秘的东西，关键是我们要有这种独创的意识。

松下幸之助是由生产电插头起家的。他创业之初，由于插头的性能不好，产品的销路大受影响，不多久，他就陷入三餐难继的困境。

一天，他身心俱疲地独自走在路上。一对姐弟的谈话，引起了他的注意。姐姐正在烫衣服，弟弟想读书，但是那时候的插头只有一个，用它烫衣服就不能开灯，两者不能同时使用。弟弟吵着说："姐姐，您不快一点开灯，叫我怎么看书呀？"姐姐哄着他说："好了，好了，我就快烫好了。""老是说快烫好了，已经过了 30 分钟了。"姐姐和弟弟为了用电，一直吵个不停。松下幸之助想：只有一根电线，有人烫衣服，就无法开灯

看书，反过来说，有人看书，就无法烫衣服，这不是太不方便了吗？何不想出同时可以两用的插头呢？他认真研究这个问题，不久，他就设计出两用插头。试用品问世之后，很快就卖光了，订货的人越来越多，简直是供不应求。他只好增加工人，也扩建了工厂。松下幸之助的事业，就此走上稳步发展的轨道，逐年发展，利润大增。

提到创新，就会联想到发明创造，因此有些人总是觉得神秘，很多人会马上想到："那是专家的事。"实际上，这种想法是十分错误的。在当今，创造活动已经不再是科学家、发明家的专利了，它已经深入到普通人的生活中，一般人都可以进行创造性的活动，生活、工作的各个方面都可以迸发出创造性的火花。

美国有一家牙膏公司，产品优良，包装精美，深受广大消费者的喜爱，营业额蒸蒸日上。记录显示，前10年每年的营业增长率为100％，令董事会雀跃万分。不过，业绩进入第11年、第12年及第13年时，则停滞下来，每个月维持同样的数字。董事会对此三年业绩表现感到不满，便召开全国经理级高层会议，以商讨对策。

会议中，有名年轻经理站起来，对董事们说："我手中有张纸，纸里有个建议，若您要使用我的建议，必须另付我5万元！"总裁听了生气地说："我每个月都支付你薪水，另有分红、奖励，现在叫你来开会讨论，你还要另外5万元，是否过分？""总裁先生，请别误会。若我的建议行不通，您可以将它丢弃，一毫钱也不必付。"年轻的经理解释说。"好！"总裁接过那张纸后，阅毕，马上签了一张5万元的支票给那位年轻经理。那张纸上只写了一句话：将现有的牙膏开口扩大1毫米。总裁马上下令更换新的包装。试想，每天早上，每个消费者多用1毫米牙膏，每天牙膏消费量将多出多少倍呢？这个决定，使该公司第14年的营业额增加了

32%。

创造性想象力产生思想上的创意，而创意产生财富与成就。你认为你现在想做的事是正确的，并且坚定它一定可以实现的话，就勿需左顾右盼，而要勇往直前，果断地向理想挑战，不必理会倘若失败会怎样的疑问。那么你离成功就会越来越近。

亨利·兰德平日非常喜欢为女儿拍照，而每一次拍完后女儿都想立刻看到父亲为她拍摄的照片。于是有一次他就告诉女儿，照片必须全部拍完，等底片卷回，从照相机拿下来后，再送到暗房用特殊的药品显影。而且，副片完成之后，还要照射强光使之映在别的相纸上面，同时必须再经过药品处理，一张照片才告完成。他向女儿做说明的同时，内心却问自己说："等等，难道没有可能制造出'同时显影'的照相机吗？"对摄影稍有常识的人，听了他的想法后都异口同声地说："哪儿会有可能。"并列举一打以上的理由说："这纯属是一个异想天开的梦。"但他却没有因受此批评而退缩，于是他告诉女儿的话就成为一种契机。最后，他终于不畏艰难地完成了"拍立得相机"。这种相机完全满足了女儿的希望，因而，兰德企业就此诞生了。

成功与否在于人的"一念"之间。每个人都有创造的能力。在人与人之间，创造力只有大小之分，没有有无之别。在每一个人的身旁都包含着你想象不到的机会和方法，只要你不断地追求卓越，从你所遇到的每件事里挖掘特点，开动脑筋去创造，便能有相同的成就。

3. 做事要学会灵活变通

做事要学会灵活变通。在现实工作中，任何事物的发展都不是一条直线。智慧之人能看到直中之曲和曲中之直，并不失时机地把握事物迂回发展的规律，通过迂回应变，达到既定的目标。反之，一个不善于变通的人，"一根筋"只会四处碰壁，被撞得头破血流。

美国知名的政治家斯特拉曾说："对自己而言，最重要的不是别人如何看待你，而是你如何看待他们。"

有一种鱼叫马嘉鱼，长得很漂亮，银肤燕尾大眼睛，平时生活在深海中，春夏之交溯流产卵，随着海潮漂游到浅海。

渔民捕捉马嘉鱼的方法挺简单：用一个孔目粗疏的竹帘，下端系上铁，放入水中，由两只小艇拖着，拦截鱼群。马嘉鱼的"个性"很强，不爱转弯，即使闯入罗网之中也不会停止。所以一只只马嘉鱼"前赴后继"地陷入竹帘孔中，帘孔随之紧缩。竹帘缩得愈紧，马嘉鱼愈愤怒，它们更加拼命往前冲，结果就会被牢牢卡死，最终被渔民所捕获。

当我们遇到复杂的事情时，不可总是一味地固执己见，或无法应对时就束手无策、坐以待毙。其实只要灵活变通，脑子转快些，灵活点，

别"一条路跑到天黑"，就可以很好的解决问题。

中国有句古话："伸缩进退变化，圣人之道也。"所以，大凡一个在事业上有所成就的人，必定是一个善于驾驭时势的人。

变通是生活中不可缺少的智慧。有时候我们需要执著，但执著不是固执。做人不能太固执，要灵活变通。善于灵活变通者，将对手也能变为朋友，这就等于为自己的未来添了一条路。因此，要变通你的思路和你的态度，不要总是"一根筋"扯不断。

我们在日常生活和工作上产生的人际关系也是如此，"一根筋"不但不利于合作，还影响工作效果。工作上的交往不同于个人选择挚友良朋，应该从工作的层面上考虑，尽量搞好彼此的合作。这种合作，是比较宽泛和宽容的。

任何人都有自己的思想、习惯及爱好，如果在与他人合作中，过分强调对方行为性格中与自己的不同之处，就会因为这些微小的隔阂而引起沟通上的障碍，产生好恶，从而影响合作。

许多成功人士一生不败，关键就在于用活了为人处事的变通之道，进退之时，俯仰之间，都超人一等，让左右暗自佩服，以之为师。

学会为人处世变通之道是决定你能否从人群中挺立起来的第一关键；反之，凡不知为人处世变通之道者，一定会在许多重要时刻碰得头破血流，跌入失败之境。

两个探险家在林中狩猎时，一头凶猛的狮子突然跳到他们面前。"保持镇静，"第一个探险家悄悄地说，"你还记得我们看过的那本关于野生动物的书吗？那书上说，如果你非常冷静地站着别动，两眼紧盯着狮子的眼睛，那它就会转身跑开的。""书上是那么写的，"他的同伴说，"你看过这本书，我也看过，可这头狮子看过吗？"

如果这两个探险家真的两眼紧盯着狮子的眼睛的话，后果肯定只有一个。因此从这个故事中我们知道，无论是学习、做人还是做事都应该学会应变，学会变通，不可太形而上学。

如果学会变通，遇到事情时对自己说"总会有别的办法可以办到"。那么，做事就会更顺利。

现在每年有许多家新公司获准成立，可是几年以后，只有一小部分仍然继续营运。那些半路退出的人会这么说："竞争实在是太激烈了，只好退出为妙。"其实，失败固然有种种理由，但根本的一条是钻进了困难的牛角尖而不知自拔，在困惑的黑暗中找不到解决问题的方法。而成功者的秘诀往往是随时检查自己的选择是否正确，然后合理地调整目标，放弃无谓的固执，然后轻轻松松地走向目标。这也就是所谓的变通是成功路上的一条捷径。

像在永动机一类事情上，如果一味的坚持，而不去检查自己的想法到底是否是正确的，那么这个坚持即是无谓的执着，是不知变通的愚昧，因此，当我们在工作和生活中处理这类事件时，一定要知难而退，见好就收，不做无谓的牺牲，因为错误的决定，只能让你南辕而北辙，离真理之路越来越远，即使是付出百倍的艰辛，也很难达到目标。

做人要学会用"变"，要知"变通"之要领。当你遇到阻力而停止不前，或因困难阻碍难行时，就要灵活变化一下方向，把阻力变成推你前进的动力。正所谓"低头也是一种智慧"，低头不是对人臣服，而是一种灵活变通的智慧，是调整状态，相机而动。所以你一定要抛弃你的"一根筋"。

4. 逆向思维能取得意料不到的成功

人生之路千万条，要想取得事业上的辉煌，向自己的目标进发，就必须大胆地多方位地探索、不盲从、不随俗，要对传统思维方式中错误的、陈腐的东西进行舍弃，要以全新的角度，去解决目标所遇到的问题。当改变不了这个世界的时候，就必须克服困难改变自己。拿星巴克的一个例子来看：

近些年，星巴克把他的触角伸到了世界各地，作为咖啡店来讲，想大范围地推广是非常困难的，但有困难不可怕，怕的就是固守陈规，按照常规的思维去办事。然而恰恰星巴克没有这样，他们凭借企业独创性的思维和独特的经营方式，取得了良好的效益，并迅速抢占了咖啡店在世界的市场。

其实即使是同一种的咖啡，如果调制比例不同，其味道也会有差异。不同的咖啡调制师做出来的咖啡，味道也不尽相同。从某种程度上说，咖啡的调制是有特定方法的。但是一般来讲，咖啡调制时都是根据自己的经验和感觉来调制，因此想要咖啡的味道达到标准化，有很大的困难。就算在同一家咖啡店，不同的咖啡调制师做出来的咖啡味道也有可能不同，更何况要让那么多家店的咖啡都保持同一种味道，其难度可想而知。

在同一品牌的咖啡店，点同一种咖啡却喝出不同的味道，自然就会有顾客对此表示不满。为了诚恳地接受顾客提出的宝贵意见，进一步改善咖啡味道的标准化体系，星巴克想出了在咖啡杯上标出原料配比刻度的好办法。于是在星巴克，他们推出了不同于其他咖啡店的、有绿色刻度的标准咖啡杯，一进入市场就赢得了成功。只要有了刻度，咖啡调制师就可以按照标尺调制咖啡，而咖啡的味道的标准化自然就能实现。例如在调制冰咖啡时，第一标线是牛奶，第二标线是咖啡，最后是冰块，等等。

标有刻度的杯子是其他任何店都没有的，是星巴克独一无二的设想。因为有了这个办法，世界各地的咖啡店调制出的咖啡味道都能达到一致的目标才得以实现。顾客无论在哪里都能品尝到自己喜爱的同一口味的咖啡。

想让商品畅销，就必须致力于开发顾客需要的产品。而不是改变顾客的态度和口味，而作为企业应该从产品策划阶段就开始听取消费者的建议，并且采取积极行动，组成创意开发团队，用心研究消费者的喜好。正如星巴克董事长霍华德·舒尔茨所说："我们喜欢打破常规。"舒尔茨很清楚地认识到，虽然星巴克现在处于领先位置，但是要保持领先，就必须不断创新，坚持投顾客所好，这样才能创造良好的业绩。事实上星巴克也的确是这样做的，所以他们成功了。而麦当劳之所以能从小规模的私营企业发展成今天规模如此庞大的成功的大型跨国企业，正是因为在激烈的竞争中拥有自己独创性的产品和服务标准。因此，不能盲目地跟着别人走，而应该另辟蹊径去打开世界市场。

而对于个人来讲，在通往自己的理想目标的征途上，路有千万条，要想取得事业上的辉煌，向自己的目标进发，向更大的目标挑战，就必须大胆地多方位地探索，应用现代的思维方式，不盲从、不随俗，在探索问题时，要对传统思维方式中错误的、陈腐的东西进行舍弃，不可一条道走到黑。

穆罕默德说："坚定的信念足以移山。"有人刁难他说："那么现在请您把山移走。"穆罕默德只好应承说："某月某日，我令山移走。"到了那天，山没有动静。穆罕默德一点也不惊慌，神态自若地说："山呀，你要移动，你要过来。"说了许多次，山还没有动静。穆罕默德又一点也不惊慌，神态自若地说："假如山要移动，大家都会被压死。神爱世人，所以不让它出来。虽然山不来，我却可接近它。"

这段话意在说明：对于无法实现的目标，改变已是不可能了，但这并不意味着绝路，此时，请你尝试着改变自己。这也就是所谓的运用逆向思维来解决问题。所谓逆向思维，就是突破传统性思维方式，对事对物反过来想一想，以达到创造机会的目的。所以我们可以戏称这种善于逆向思维的人为"反动派"。有逆向性思维的人，在生活中的表现常常令人称奇："他为什么会想到这样干呢？"

相传北宋史学家司马光，童年时代就常常表现得聪明过人。有一天，司马光和许多小孩在一个大花园中玩耍。有一个小孩在爬假山时，脚下一滑，跌进了假山下一口有大人高的盛满水的大花缸中。别的孩子一见，个个惊慌失措，呼叫着四散而逃。而司马光见状，却不慌不忙，搬起一块大石头，狠命地朝大花缸砸了过去。水缸被砸破了，水哗哗地流光了，落水孩子终于得救了。按照通常的做法，小孩落水，都是采用从水中将之抱起来的"传统救法"，而司马光却一反常规，用砸缸救人的办法救出了小孩。因为根据当时情况，还没有人能一下子从大花缸里抱起落水的孩子，虽然花缸被砸破了，但却达到了迅速救人的目的。司马光采取这种救人方法就是依靠逆向思维来完成的。

人有逆向思维是很正常的，每个人的生命伊始，都是头向下而出来

的，因此人类拥有逆向思维也是顺理成章的，从反方向思考，或把问题颠倒过来看一看，往往能导致别有一番洞天的见解。这种事例在日常生活和工作中很多，由于它能出奇制胜，灵活多变，"反其道而思之"，结果往往取得意料不到的成功。

5. 发挥你的无限想象力

叶圣陶曾经说过："想象不过把许多次数，许多方面观察所得融为一体，团成一件新事物罢了。假若不以观察为依据，也就无以起想象作用。"想象是在原有感性形象的基础上在头脑中创造新形象的过程。想象可使人的认识超出时空与具体条件的限制，拓展和丰富人们的精神世界。合理的想象可能会扭转局面，让天空亮起来。

一家百货商场虽地处闹市中心，地理位置也不错，但总是门外车马喧嚷，而店内冷冷清清，许多人都是从店门前的大街上匆匆而过，很少有人进店驻足。没有顾客，商场的生意就一直很清淡。经理对此一筹莫展。一次，经理的朋友偶然路过商场，听经理叹息着说了商场的惨淡经营后，朋友沉思良久，笑着对经理说："要让过往行人都能到你店里来看看并不难，有一面镜子就行了。"

经理半信半疑，但还是按照朋友的吩咐，在临街的墙上装上了一面仅几个平方米的镜子。镜子的上方，用红纸贴了一行大字：朋友，请注意您的仪容！镜子的下方贴了一行小字：店内备有免费的木梳。

当许多人又从商场门前经过时，会不由自主地走到镜子前照一照，然后就踅进了商场梳理头发，如果需要打鞋油，鞋刷备有十几把，可以

免费使用，但各种鞋油却在柜台上销售。

商场内的人一下子拥挤起来，有买鞋油就地擦鞋的，有买发胶就地梳理头发的，有买口红对着店里的镜子涂抹的，当然，店内的护肤品、日用小百货等也销量激增，商场的生意一下子就火爆了起来。一面镜子，就把匆匆而来的路人"照成"了店内购物的顾客，就这么简单。

其实，对于商家来说，揽客的方法就是这样：让人知道自己缺什么，然后，让他主动去选择。这样比强加给顾客手上的宣传单更有效。

爱因斯坦说："想象力比知识更重要，因为知识是有限的，而想象力概括着世界上的一切，推动着进步，并且是知识进化的源泉，严格地说，想象力是科学研究中的实在因素。"

然而，想象力也不是凭空的瞎想，心理学告诉我们想象的源泉是客观现实，想象的内容是客观现实的反映，而合理想象的方法更是成功的关键。

方法是主体在对象性活动中的行为方式和为达到某种目的而采用的途径、手段和工具的总和。"方法"一词，源于希腊文，意思是遵循某一道路，亦指为了实现一定的目的，必须按一定程序所采取的相应步骤。

方法一般来说分为以下几个层级：一是方法论基础，这是取得科学管理方法的哲学依据；二是基本的管理方法，这是取得科学管理方法的哲学依据；这是主体解决各种问题、认识各种事物带有共性的一种方法，如思维方法、预测方法、理论联系实际的方法；三是具体的管理方法，它是主体在某一时期或某一阶段解决某种具体问题所使用的方法，如行政方法、经济方法、企业管理方法等；四是操作性的管理方法，它是指主体为顺利实现目标而采取的各种活动技巧与技术，如评估技术、统计技术、计算机应用技术等。可见，方法具有层级之分，不同的工作要采用不同的方法，越接触实际，方法越具体越生动、越丰富多彩。这里给你讲述一个行销的例子：

司迪麦口香糖也是一个十分成功的行销案例。在各媒体广告处处都可以看到、听到保持口气清香的箭牌口香糖广告，司迪麦以逆向思维的突破观念，创造出极为怪异而且有颠覆意味的广告手法——"我有话要说"，对新新人类展开寻求认同的猛烈攻势。

这个在台湾媒体广告上从未出现过的新手法，立即将司迪麦的销量推上了高峰，不但打响了司迪麦的知名度，也将这个新产品成功推入了市场。

这就是在人们常规的思路基础上加上合理的想象，最终取得了成功。如果现在的行销人员能不时地训练自己，时常活用逆向的思维方法，就能够灵活运用行销战略与战术的技巧，将行销业务顺利地往前推展。时常有人认为所谓创意只不过是灵光一现，这是错误的观念，要经常且随时不断地练习运用逆向的多元性思考能力，看待事情不能只从一个角度分析，养成了习惯之后，就随时会有潜在意识的能力展现，就像是一束镭射光，在一个球体里外、上下毫无拘束地穿梭，让你在行销的时候得心应手，无往不利。其实不光是在行销领域，在各行各业，只要你让想象的翅膀飞起来，都会有不俗的表现和成功。

那么怎么才能让我们打破陈规，让我们的想象飞起来呢？其实想象有时就是这样，对于特定的问题，集中注意力，并且从各种角度去探讨，尽量让想象力"飞跃"起来。起初，你会觉得幼稚、可笑，但是仔细总结之后，又会发现新的东西。"非常好的决策方式"往往是从精神游戏产生出来的，不过，重要的一点，就是片刻不离问题的核心。要让思考力活跃的另一途径就是面对问题，阅读各种参考书籍，然后再面对问题，探讨有关联的各种问题。

　　如果满足于现状，如何能有所改善呢？应时常训练自己，用批判性的眼光来观察。想要做这种训练，就要对于自己所做的事，都以"疑问"的眼光来看，尤其是对于惯例，对那些"认为当然的事"，更要以存有疑问的态度去思索。虽要事事存疑，但对于旁人的新构想，不要一味地挑剔，应该与对方一起讨论、研究，并且积极地参与。这么一来，原本不太实用的想象，也会产生意想不到的效果。不要对任何想象加以否定，没有思考，没有检验，没有实践就没有发言权。但也不要只要是想象就一味地肯定，因为有些偶然产生的构想，虽然看起来很不错，但是仔细想想，可能还有更好的方法。

　　想象力比知识更重要，因为知识是有限的，而想象力是无限的。想象可以使人的认识超越时空和具体条件的限制。想象能激发观察的灵感，拓展观察的渠道和内容，沟通不同观察的结果，可以大大丰富观察的内容，让事情变得更加美好。然而想象并不是凭空的想象，要想让想象的翅膀飞起来，还需要客观联系这个世界，把知识融会贯通。

6. 一定要善于变通

沧桑变幻，人情冷暖，世事无常。宇宙是永恒的，但是世间万物却是变化的。"人面不知何处去，桃花依旧笑春风。"在世事的变化无常面前，只有顺应变化，才能时安处顺。而识时务者总是能适时而变，以适应时刻变化的社会。

有人说："大智大勇者为俊杰。"也有人说："识时务者为俊杰。"何谓识时务？就是能够认清客观形势或时代潮流，能够跟着客观形势或时代潮流的变化而变化，因时制宜，顺势而动。因而无论古今中外，只有识时务的人才能成为时代的俊杰。反之，如果不识时务，不顾客观条件的变化和限制，逆势而行，盲目蛮干，其结果只能是以鸡蛋碰石头——自取灭亡，或被时代的车轮远远甩在后头，最终一事无成。所以大智大勇也须灵活多变。

凡事都要想到别人还没有想到的一面，方法也必须讲求创新，因为人是善变的，任何一种产业都必须不断地改良，以适应市场不断改变的需求。

"凡事第一个去做的人是天才，第二个去做的人是庸才，第三个去做的人是蠢才。"但是，我们偏偏看到，有的人即使编号第一千万个，即使挤破头也改不了一窝蜂的本性。其实，想成功就应该出奇制胜，用自己

独到的眼光去发现别人未做过的事，这才是大智大勇者所为，也是成功的快捷方式。

1947年的冬天，在密歇根州的卡索波里斯，洛厄正帮着他的父亲做木屑生意。不料有一位邻居跑进来，想向他们要一些木屑，因为她的猫房里的沙土给冻住了，她想换一些木屑铺上去。当时，年轻的洛厄就从一只旧箱子里拿出一袋风干了的黏土颗粒，建议对方试试这玩意儿。因为这种材料的吸附能力特别强，当年他父亲卖木屑的时候，就是采用这种材料清除油渍的。这样一来，那位邻居的燃眉之急就给解决了。

几天以后，这位邻居又来了，她想再要一些这样的黏土颗粒。这时他灵光闪动，突然意识到自己的机会来了。他马上又弄了一些黏土颗粒，分五磅一装，总共装了10袋。他把自己的新产品命名为"猫房铺"，打算以每份65美分的价格卖出去。但是，大家都笑话他，因为一般铺猫房用的沙子才多少钱一磅呀!

但出人意料的是，洛厄的10袋黏土很快就卖完了。而且，当这10个用户再次找上门来，指名道姓要买"猫房铺"的时候，这一下可该轮到洛厄发笑了。一笔生意，一种品牌，一丝灵感，一种使命，就这样创始了。

采用黏土颗粒作为猫房铺，反倒促使这些小动物变成更受人欢迎的宠物了，同时，洛厄也因此而变得富有了。仅仅在1995年洛厄去世前的两三年时间内，"猫房铺"的销售价值就达到了两亿美元。也许可以说，正是洛厄的发明所带来的生存条件的改善，最终使猫取代狗成为在美国最受欢迎的宠物。

19世纪中叶，美国加州出现一股寻金热，许多人都怀着发财梦争相前往。

当时，一个 17 岁的小农夫亚默尔也想去碰碰运气。然而，他却穷得连船票都买不起，只好跟着大篷车，一路风餐露宿赶往加州。

到了当地，他发现矿山里气候干燥，水源奇缺，而这些寻找金子的人，最痛苦的事情便是没水喝。许多人一边寻找金矿，一边抱怨"要是有人给我一壶凉水，我宁愿给他一块金币！"或"谁要是让我痛痛快快地喝一顿，我出两块金币也行"。

这些牢骚，居然给了亚默尔一个灵感，他想："如果卖水给这些人喝，也许会比找金矿赚钱更容易。"

于是，他毅然放弃挖金矿的梦想，转而开凿渠道、引进河水，并且将引来的水过滤，变成清凉解渴的饮用水。

他将这些水全装进桶子里或水壶里，并卖给寻找金矿的人们。

一开始时，许多人都嘲笑他："不挖金子赚大钱，却要做这些蝇头小利的事业，那你又何必离乡背井跑到加州来呢？"

对于这些嘲笑，亚默尔丝毫不为之所动，他专心地贩卖他的饮用水。没想到短短的几天，他便赚了 6000 美元，这个数目在当时是非常可观的。

在许多人因为找不到金矿而在异乡忍饥挨饿时，发现商机而且善加运用的亚默尔，却已经成了一个小富翁。

我们知道，世界上的万事万物都是在不断发展变化的。环境在变，时势在变，事态在变，生活在变，人类每一个个体也都在变。要适应环境、时势的更迭，应付事态、生活的变化，就得学会随机应变之术。荀子曾说："举措应变而不穷。"能够随着时势、事态的变化而从容应变，是一个人立身处世、建功立业不可或缺的本领。尤其是现代社会飞速发展，生活千变万化，更需要人们学会应变、善于应变、精于应变。

循规蹈矩只有死路一条。办事首先是讲原则、讲规范，但过于追求规矩，便成了死板，甚至会走上绝境。因此，要想大智大勇一定要善于变通。

7. 不能在一棵树上吊死

做事的艺术，其实是一个平衡的艺术，既要左顾右盼，照顾到方方面面的利益，又要瞻前顾后，考虑到事情的前因后果，不能在一棵树上吊死。

聪明的人总是"一颗红心，两手准备"。多找靠山，有所选择，有所放弃，以防不测，不把鸡蛋全放到一个篮子里。

有这样一些人，当自己步入困境的时候，不钻牛角尖，而是开动脑筋转换思路，因而他们往往是最终的成功者。

生活中我们常常一方面抱怨人生的路越走越窄，看不到成功的希望；另一方面又因循守旧、不思改变，习惯在老路上继续走下去。

美国康奈尔大学威克教授做过这样一个实验：拿一只敞口玻璃瓶，瓶底朝光亮一方，放进一只蜜蜂，蜜蜂在瓶中反复朝有光亮的方向飞，它左冲右突，努力了好多次，都没有飞出瓶子，可它就是不肯改变突围的方向，仍旧按原来的方向去冲撞着瓶壁。最后，它耗尽了气力，气息奄奄了。

然后，教授又放进了一只苍蝇，苍蝇也朝有光亮的方向飞，突围失败后，又朝各种不同方向尝试，结果终于从瓶口飞走了。

这个实验充分说明了：成功在于肯努力尝试。世界上没有不犯错误、不经历失败的人，重要的是一条路走不通的时候，要赶紧转过身去寻找另一条出路。有时候在困境面前，改变一下思路，一切就峰回路转、柳暗花明了。

在我们的现实生活中，很多固执的人都很容易在一些具体的问题上钻牛角尖，甚至是为了点滴的小利而宁死不让，从不会轻易地去变通自己。他们不愿意放弃他们的观念，不愿意放弃他们的情感，不愿意放弃他们的权力，不愿意放弃他们的利益等，但是，什么能够永久地被占有呢?

很多人都常把固有的思维或者祖宗留下的规矩当作做人做事的靠山，有个硬靠山虽然很好，但它不会总靠得住，甚至还有倒的时候。只靠一个靠山，就等于把所有的赌注都押在一张牌上。一旦这条路走不通，自己不但失去了依靠，说不准还会一败涂地。因此，想在社会上立于不败之地，就要多找几个靠山，不要在一棵树上吊死，这是灵活变通做人的最优选择，这也是想在社会上立于不败之地的最佳方案。有时候需要左投右靠，变换一下思维。这是欲"靠"者最需要用心之处。如不仔细权衡，难保他日平安。

这是大智大勇，也是小计谋。对于谋求成功的人来说，面前有多少意料不到的艰难啊! 如不能够随机应变，如不能够沉着、冷静、迅速地处理各种突发的变故，只"在一棵树上吊死"，怎么能够登上成功之巅呢?

8. 放弃旧观念，接受新观念

任何人都有赢得成功的潜力，只要相信自己能做到，全力以赴，成功总有一天会来临。纵然陷入危机之中，也应不悲不恼，应该认识到危机也许预示着机遇。然而，全力以赴并不是说一味的蛮干，傻干，而是要学会随着时代的脚步和社会的变迁不断地接受新的观念，摒弃旧的、阻碍进步的观念。只有这样才能在不断变化发展的新时期取得更大的成功。有这样一个实例：

身处城市之中，随着经济的快速发展，社会进步的脚步不断加快，为了生存拼命奔波的人，他们脚步匆匆，工作压力大，几乎没有时间在家里享受早餐，早上起床后在家门口或者单位附近吃点早餐就成了大多数忙着赶时间工作的人的新的选择。于是有许多人就看准了这个商机，逐渐改变了自己原有的只供应午餐和晚餐的传统习惯，把目光投向了早餐市场。而更令人想不到的是，有家咖啡店也看好早餐这个庞大的市场，但是由于这是一家高档的咖啡店，在早餐形式上又不能流俗，而他们早餐市场的目标顾客主要是白领职员或者学生，还有双职工。因此，他们为了取得成功，开发出了一系列能代替早餐的食品。由于紧跟时代步伐，早餐食品又恰到好处，还解决了吃早餐难的问题，也就收到了很好的效果和反响。咖啡店卖早点的成功之处就是，打破了传统的观念，顺应时代的发展，准确地判断并细分市场，准确地进行市场定位的结果。

这就是新观念、新思想所带来的成功，如果不能摒弃旧的观念，认为咖啡店永远只能卖咖啡的话，那么当别人早上就开始了新的一天的时候，他们只能坐等到中午，永远比别人少了一个充满希望的早晨，也就是说当别人已经跑出好远的时候你才起跑，结果当然是被淘汰。而社会历史的进步创造着新的思维方式，新的思维方式又成为社会历史前进的催化力量。

这种现代综合性思维的特征在于把自然科学、技术科学和人文社会科学的知识、人的智慧和才能与各种类型的信息、资料及信息基础设施有机地结合起来，以便跨越层次界限，解决开放的复杂巨系统问题（所谓复杂巨系统，就是指结构非常复杂，而且是对外界开放的系统，如社会系统）。与此相应的思维方式，也是开放的、动态的。这种整体性、综合性的思维方式不同于以往的旧有方式，很重要的是因为它是非线性的、多维互补的。网络化的世界纵横交织着错综复杂的联系和关系，它们是动态的、过程性的。网上大大小小的"扭结"都有一定的自主性和创造性，它们能够对环境的变化作出有选择的反应，它们相互参与，彼此合作和竞争。

这些理论教我们要用各种新的思考方法，能更自由、更全面地去观察，向知识或常识挑战，以一种新的视野去面对事物。

有一艘船翻了，船上的人全部落水，大部分人都努力挣扎着伸展四肢，以求浮出水面，但是船翻时所造成的强大水流，将落水的人卷入船底，使得这些人的身体都紧紧地贴在船底无法浮起，最后窒息死亡。只有一位落水者看到强大的水流，立即将身体蜷起来，让自己先沉下去，待离开水流后，再顺势伸展四肢，浮出水面。他是惟一的一位生还者。

其实从这个实例中可以看出，也许这个人身体素质非常好，但是更重要的是，在旧有的习惯面前，别人都一如既往的遵循，而只有他，顺应水流的发展而改变自己并最终获得生还。其实我们的身体需要时常做体操，来加强健康和活力，而我们的头脑也需要在平时养成习惯，不时地找机会做做头脑体操。因为人一旦养成做头脑体操的良好习惯之后，就容易让自己的思考像镭射光束般，由各个方向在脑内自如地进出。如不时时操练你的大脑，那么在危急中就不会急中生智，在攻防中不会有技巧，在遇到瓶颈时也不会有突破了。而我们又怎么给大脑做体操呢？最简单的方法就是紧跟时代的步伐。

然而每当你放弃一种旧的行为方式时，即使那是一种有害的或使你失败的习惯，你也可能会产生一种很强烈的失落感，在一段时间内你会感到惋惜，下意识地怀念某种习惯，尽管它曾经伤害过你。你想念这种习惯就像是想念久别的家人或朋友一样，由于你丢掉了旧的生活模式，会感到空虚，无所适从。在你学习新的、有益的生活方式来填补这一空白时，这种空虚感会延续一段时间。这种感觉可能表现为忧郁或对焦虑的压抑感，使你无法思考任何具体的问题。尽管你知道旧的生活方式对你的生活有消极影响，妨碍你充分发挥自己的潜力，但你仍然对它恋恋不舍，并为离开了它而悲伤不已。

此时你的思想是矛盾的，你的理性告诉你说，丢弃消极的习惯是完全正确的，完全应该的，但你的内心却在为丢弃的东西惋惜悲伤，你的理智和感情并不同步，一直处于一种摇摆不定的状态。这种犹豫不定的态度让你不能勇敢地抓住机会，去改变自己的生活。因此你现在就应该去改变自己，摒弃一些旧的、不好的习惯和思维，适当地给大脑做做体操，顺时代的潮流而动，方能永远立于不败之地。

第七章

不放弃，你可以战胜挫折和失败

世上的一切事都贵在坚持。成事不在于力量的大小，而在于能坚持多久。伟大的事业不是靠力量，而是靠坚持来完成的。我们要实现美好的理想，就要做到持之以恒而不半途而废，目标专一而不三心二意。所以，在一件事情没有发展到不可收拾的时候，千万不要轻言放弃。

1. 执著坚持者更有希望获得成功

对于人们来说，坚持二字说起来容易，做起来则没那么简单。对于这一点，马尔有精辟的解读："别人放弃，自己还在坚持；他人后退，自己照样前进。看不到光明和希望依然努力奋斗，这种精神是一切科学家、发明家取得巨大成功的原因。"

事实上，成功偏爱执著的追求者，成功的秘诀在于执著。对那些拒绝停止战斗的人来说，胜利随时都可能在等待他们。

我们如果发现自己所处的情势似乎与胜利无缘，那么，我们就可以展开一些对自己目的有利的行动。如果正面的攻击无法攻占目标，那么就试着以侧面去进攻。生命中很少有解决不了的难题。再困难的障碍也阻碍不了一个有目的、有决心、有计划，并且有足够的弹性来对抗情况变化的人。

其实对于许多失败，如果我们肯再多付出一点努力，再多坚持一分钟，或许是可以转化为成功的。

虽然执著会给我们带来成功，但也不免会有失败发生。

在物理学上，异性会相吸而同性则相斥，但人类彼此的关系则恰好相反。具有积极心态的人会吸引具有类似想法的人，消极的人只会与消极的人在一起。我们也会发现，当我们成功以后，其他的成就也会不断

来到，这就是叠加的道理。

当事情愈来愈困难，大多数人都会放手离开，只有意志坚决的人，不到胜利的时候，决不肯轻言放弃。

在上学的时候，迪斯尼就对绘画和描写冒险生涯的小说特别地着迷，并很快读完了马克·吐温的《汤姆·索亚历险记》等探险小说。

在美国参加第一次世界大战后，不顾父母的反对，迪斯尼报名当了一名志愿兵，在军中做了一名汽车驾驶员。闲暇的时候，他就创作一些漫画作品寄给国内的一些幽默杂志，他的作品竟然无一例外地被退了回来，理由就是作者缺乏才气和灵性，作品太平庸。

战争结束后，迪斯尼拒绝了父亲要他到自己有些股份的冷冻厂工作的要求，他要去实现他童年时就立誓实现的画家梦。他来到了堪萨斯市，拿着自己的作品四处求职，经过一次又一次的碰壁之后，终于在一家广告公司找到了一份工作。然而，他只干了一个月就被辞退了，理由仍是缺乏绘画能力。

迪斯尼终于和哥哥罗伊于1923年10月，在好莱坞一家房地产公司后院的一个废弃的仓库里，正式成立了属于自己的迪斯尼兄弟公司，不久，公司就更名为"沃尔特·迪斯尼公司"。

虽然历经了坎坷，但他创造的米老鼠和唐老鸭形象几年后便享誉全世界，并为他获得了27项奥斯卡金像奖，使他成为世界上获得该奖最多的人。他死后，《纽约时报》刊登的讣告这样写道：

"沃尔特·迪斯尼开始时几乎一无所有，仅有的就是一点绘画才能，与所有人的想象不相吻合的天赋想象力以及百折不挠一定要成功的决心，最后他成了好莱坞最优秀的创业者和全世界最成功的漫画大师……"

是的，我们不害怕失败，害怕的是我们面对失败时的态度。迪斯尼

面对别人的批评，面对失败，他没有放弃，没有否定自我，而是坚强地走了下去。

也许，无论我们怎样奋斗，都不会有迪斯尼那样的辉煌成就，可是，如果我们没有迪斯尼百折不挠、不怕失败的精神，我们注定不会成功。

坚持就是胜利，执著才会走向成功。还有一则故事值得一读。

1977 年，美国一家园艺所在报上公布，要重金求购白色金盏菊。看到这条信息的一位老人，第一个反应就是要让金盏菊改变它原来的本色，这实在令人难以置信。然而仔细琢磨，她又觉得或许真有这种可能，于是想试一试。

得知母亲要培育白色金盏菊，子女们都觉得那是异想天开。一个孩子泼冷水说："这事连专家都无能为力，你不懂种子遗传学，又这么大年纪了，怎么可能呢？"子女们都不愿做无效劳动，没有找到帮手，老人只好一个人做起来。

金盏菊有橘黄和淡黄两种颜色，满怀热切的希望，老人选择了淡黄色的来进行培育。金盏菊经过精心的照料，一株株拱出地表，一朵朵应时绽开。老人从中选出颜色最浅的做上标记，待其枯萎后选用这棵金盏菊的种子。用这种方式遴选含色素少的花，年复一年地培育，终于使金盏菊的颜色一年年泛白。

在这期间，老人的丈夫撒手尘寰，女儿远嫁他乡，即使生活发生了众多的变故，都未能动摇老人让鲜花变色的信念。终于有一天，老人所培育的金盏菊已不染一丝杂色，呈现出一片圣洁的雪白。蓦然回首，已送走了 20 个春秋。老人抑制不住成功的喜悦，欣然将花种寄给悬赏的那家园艺所。

将近一年的等待，也就是种子育出芳姿的时候，老人接到园艺所长打来的电话："我们见识了你培育的金盏菊，花朵的颜色确实洁白如雪。

不过由于时间太久，过去许诺的奖金已无从兑现，你还有什么别的要求吗?"老人兴致不减地说："我只想问一下，你们要不要黑色的金盏菊? 如果要的话，我也能把它种出来。"

自信源于过去的成功经验。许多艰难、困苦与挫折失败会出现在我们成功的过程中，战胜他们的最基本法则就是在心理上先做好准备。要具有敏锐的目光，看清成功背后的真相；要有持续的毅力，坚持到困难向我们退缩；要有勇气和行动，当发现困难的弱点后不失时机地给它致命一击。

2. 成功是折腾出来的

对那些能折腾的人们，我常常充满敬意。没有折腾的人生是清淡的，只要不偏离真善美的指针，折腾来折腾去的人生，应该是回味无穷的。在折腾中，才能领悟到生活的真谛，感受生命的意义。

我有一个朋友，原来是一家公司的主管会计，工作不累，待遇也不错。前几年他下海做了个体老板，搞起了航运，在风里雨里折腾着。几年下来，人瘦了黑了，腰包是鼓了起来。我问他这么辛苦做什么，他说："我要看看自己有多大能耐，看看外面的世界究竟有多精彩。人嘛，就想搏一回，体现体现自我价值。"

成功是折腾出来的，要证明自己的能力就要折腾，不折腾怎么知道自己能不能成功？折腾是一种手段，是通过折腾去圆一个梦想。不折腾，就不会聪明起来，就不会成熟起来，更不会成功。

第一次世界大战后，高尔文从部队复员回家，他在威斯康星办起了一家电池公司。可是无论他怎么起劲折腾，产品依然打不开销路。有一天，高尔文离开厂房去吃午餐，回来只见大门上了锁。原来公司被查封

了，高尔文甚至不能再进去取出他挂在衣架上的大衣。

1926年他又跟人合伙做起收音机生意来。当时，全美国估计有3000台收音机，预计两年后将扩大100倍。这些收音机都是用电池作能源，于是他们想发明一种灯丝电源整流器来代替电池。这个想法本来不错，但产品还是打不开销路。

眼看着生意一天天走下坡路，他们似乎又要停业关门了。此时高尔文通过邮购销售办法招揽了大批客户。他手里一有了钱，就办起了专门制造整流器和交流电真空管收音机的公司。不到3年，高尔文依然破产了。

这时他已陷入绝境，只剩下最后一个挣扎的机会了。当时他一心想把收音机装到汽车上，但有许多技术上的困难尚待克服。到1930年底，他的制造厂账面上已净欠374万美元。

一个周末的晚上，他回到家中，妻子正等着他拿钱来买食物、交房租，可他摸遍全身只有34块钱。然而，经过多年的不懈奋斗，高尔文终于发达起来，他盖起的豪华住宅就是用他的第一部汽车收音机的牌子命名的。现在他的摩托罗拉公司已经成为世界上最受人尊敬的公司。

生活中，我们常常会遇到各种困难情景，却又无能为力，这时惟一的办法就是咬紧牙关，相信一切都会过去。历史上那些成功立业的人物都有一个共同的特点，不轻易为"危机、失败"所打败而退却，不达成他们的理想、目标、心愿，就绝不罢休。

当初，亨利·福特在生产著名的V8型引擎时，他决定要将8个汽缸造成一个整体引擎，并命令他的工程师设计这种引擎。设计图是画出来了，但是工程师们一致认为，要铸造一种8个引擎体是不可能的。

福特说："无论如何也要设计生产出这种引擎。"工程师们一致回答

说："这是不可能的。"福特继续命令说："继续去做，直到你们获得成功为止，不管需要多少时间。"这些工程师只好继续去做。

6个月过去了，没有任何成果。又半年时间过去了，仍然没有任何进展。工程师们可以说，试尽了各种可能的设计方案来执行这一命令，但这件事似乎显得越来越"不可能"。

年底了，工程师们还没有找到解决该设想的办法。"继续去做，我想要这种引擎，我一定要得到它。"福特坚定地说。工程师们继续非常努力地去做。奇迹终于出现了，制造这种引擎体的方法被发现了。福特的决心和欲望获得了胜利。

"我想获得我想要的。"这是强烈的求胜欲望，不达目的不罢休的欲望。如果没有一颗折腾的心，希望将是多么的孱弱无力。全心贯注你所期望的，必如你所期。

3. 伟大的事业是靠坚持来完成的

苏轼在《晁错论》中说："古代成大事的人，不仅仅有超世之才，还要有坚忍不拔之志。"人生的最高格言是坚韧，因为挫折是成功的前奏。

成功人物最明显的标志就是有坚定的意志。不管环境变化到何种地步，他的初衷与希望仍然不会有丝毫的改变，而终将克服障碍以达到所期望的目的。

麦当劳的创始人雷·克洛最爱用的座右铭是：世上没有任何事能取代坚韧，才能不能，因为有太多有才能的人并未见成功；天才不能，因为被埋没的天才屡见不鲜；教育不能，因为受过教育的废物多的是，只有坚韧和决心方是无敌的。

克洛在高中二年级休学离校后，在几个旅行乐团里做过钢琴师，在佛罗里达推销过房地产。他知道失败的滋味。他说："在佛罗里达的房地产热潮消退之后，我彻底破产了。我没有大衣，没有外套，连副手套都没有。我在冰冷的街道上驾车回芝加哥，到家之后我已冻成冰棒，满怀失意，一文不名。"后来，克洛抓住机会，凭着坚韧终于成为牛肉饼大王。

在你的成功之旅中，坚韧往往发挥着重要的作用，不轻言放弃也许是你人生成功的第一步。做事不可浅尝辄止，成功往往在于再坚持一下

的努力之中。这是个浅显简单的道理，但我们在实际生活中，却常常忘了它。成功就距我们一步之遥，我们却在最后的关头放弃了努力，让胜利轻易地与我们擦肩而过，我们该是多么懊丧！

台湾企业家高清愿当初在经营台湾的统一超市时，连续亏损6年。但他并没有因此放弃，而是坚持走自己的路。终于在调整营业方针、市民消费能力提高之后，统一超市开始转亏为盈，如今他的企业稳居台湾商店业龙头地位。

高清愿的故事告诉我们，往往是在最困难的时候，最需要"再坚持一下"，这是对自己勇气和毅力的严峻考验。胆怯的人往往会退缩，而勇敢的人则会经受住考验，真是"山重水复疑无路，柳暗花明又一村"。

要想成功，就决不能半途而废。当然，方法、计划可以调整，但决不要让退却的念头占据了上风。"再坚持一下"，是一种不达目的誓不罢休的精神，是一种对自己所从事的事业的坚强信念，也是高瞻远瞩的眼光和胸怀。它不是蛮干，不是赌徒的"孤注一掷"，而是在通观全局和预测未来后的明智抉择，它更是一种对人生充满希望的乐观态度。

在山崩地裂的大地震的灾难中，不幸的人们被埋在废墟下。没有食物，没有水，没有亮光，连空气也那么少。一天，两天，三天……还有希望生存吗？有的人丧失了信心，他们很快虚弱下去，不幸地死去。而有些人却不放弃生的希望，坚信外面的人们一定会找到自己，救自己出去。他们坚持着，哪怕是在最后一刻。结果，他们创造了生命的奇迹，他们从死神的手中赢得了胜利。

不要轻易放弃，越是在困难的时候，越要"再坚持一下"。美国作家爱默生说："困难，是动摇者和懦夫掉队回头的便桥，也是勇敢者前进的脚踏石。"耐心和持久胜过激烈和狂热，忍耐和坚持虽是痛苦的事情，但却能渐渐地为你带来好处。

丘吉尔说过："成功在于坚持，只要在门上敲得够久、够大声，终必会把人唤醒的。"成大事不在于力量的大小，而在于能坚持多久。伟大的

事业不是靠力量，而是靠坚持来完成的。

生活中很多人遭受太多的打击和挫折，于是丧失了信心和勇气，渐渐养成了懦弱、犹疑、自卑、孤僻、不思进取、不敢拼搏的精神面貌。其实，人生没有真正的绝境，只在乎人心，在乎勇气。

赫尔岑说："不会在快乐时微笑，也要学会在困难中微笑。"不管遇到什么困难、坎坷、挫折，只要我们用理智的头脑去分析、处理，只要我们不绝望，就一定有希望。

智利北部有一个叫丘恩贡果的小村子，这里西临太平洋，北靠阿塔卡玛沙漠。特殊的地理环境，使太平洋冷湿气流与沙漠上的高温气流终年交融，形成了多雾的气候，可浓雾丝毫无益于这片干涸的土地，因为白天强烈的日晒会使浓雾很快蒸发殆尽。一直以来，在这片被干旱统治的土地上，看不到绿色，没有一点生机。

加拿大的物理学家罗伯特在进行环球考察时经过这片荒凉之地，在这片被干旱统治的土地上看不到绿色，没有一点生机。罗伯特住进村子不久，他发现了一种奇异现象，这里除蜘蛛外没有其他任何生物。这里处处蛛网密布，蜘蛛四处繁衍，生活得很好。

罗伯特想：为什么只有蜘蛛能在如此干旱的环境里生存下来呢？借助电子显微镜，他发现这些蜘蛛具有很强的亲水性，极易吸收雾气中的水分，这些水分正是蜘蛛能在这里生生不息的源泉。

在智利政府的支持下，罗伯特研制出一种人造纤维网，选择当地雾气最浓的地段排成网阵。这样，穿行其间的雾气被反复拦截，形成大量水滴，滴到网下的流槽里，过滤和净化后就成了新的水源。

如今，罗伯特的人造蜘蛛网平均每天可截水 10580 升，在浓雾季节每天可截水 131000 升，不仅满足了当地居民生活之需，而且还可以灌溉土地，让这片昔日满目荒凉、尘土飞扬的荒漠长出了鲜花和青绿的蔬菜。

这个世界上从来没有真正的绝境，有的只是绝望的思维，只要心灵不曾干涸，再荒凉的土地，也会变成生机勃勃的绿洲。

我们在生活中有时会面临一种绝境，这种绝境让人心生一种沉重，压抑得连呼吸都很困难，仿佛人生走到了尽头。然而，事情的发展并不是绝对这样，绝望中往往孕育着生机，绝望的同时又会让人萌生希望。这里的关键是要有一种不绝望的心态。

丘吉尔一生最精彩的演讲，是在剑桥大学的一次毕业典礼上，这也是他最后的一次演讲。整个会堂有上万个学生，他们正在等候丘吉尔的出现。正在这时，丘吉尔在他的随从陪同下走进了会场并慢慢地走向讲台。他脱下他的大衣交给随从，然后又摘下了帽子，默默地注视所有的听众。过了一分钟后，丘吉尔说了一句话："Never give up！"（永不放弃）说完后穿上了大衣，带上了帽子离开了会场。这时整个会场鸦雀无声，一分钟后，掌声雷动。

人不在希望中生活，就不会进入新的境地，真正绝望的只是自己的心境。每一次面临绝境，都是一次萌生希望的机遇，不肯承认自己的失败，在面对绝境的巨大压力下，让自己的生命选择，来一个跳跃。这一切都取决于你的意志，你的信心和你热爱自己的程度。

汶川地震中，很多人被掩埋多日，终于被救出，创造了生命的无数奇迹。还有一只平凡的猪，它在地震灾难中熬过了800多个小时，36天，终于等来了救援。它就是人们昵称的"朱坚强"。这些事例告诉我们，转机往往就在坚持之中，就在希望之中。

西方谚语说：上帝关上门后，又为人类留出另一扇窗。这一刻不绝望，下一刻就有希望。人只有身处绝境，才会有更大的毅力和不懈的坚持，有时只有在绝境中才能逢生。

4. 自古英雄多磨难

在向梦想前进时，每个人都是非常艰难的，但在面对困境与挫折时，我们要想有所突破，只有坚持下去。

被认为是美国历史上最伟大的总统之一的罗纳德·里根，年轻时的一段经历让他终生难忘，也教会了他如何面对挫折。

"最好的总会到来，"每当他失意时，他母亲就这样说，"如果你坚持下去，总有一天你会交上好运。并且你会认识到，要是没有从前的失望，好运是不会发生的。"

是的，母亲说得没错，1932年从大学毕业后，里根发现了这点。他当时想在电视台找份工作，然后再设法去做一名体育播音员。于是他搭便车去了芝加哥，敲开了所有电台的门，但都失败了。在一个播音室里，一位很和气的女士告诉他，冒险雇用一名毫无经验的新手对大电台来说是不可能的。

女士告诉他："再去试试，找家小电台，那里可能会有机会。"里根又搭便车回到了伊利诺伊州的迪克逊。虽然迪克逊没有电台，但他父亲说，蒙哥马利·沃德开了一家商店，需要一名当地的运动员去经营它的体育专柜。由于里根少年时在迪克逊中学打过橄榄球，于是他提出了申请，那份工作听起来正合适，但他没能如愿。

里根感到十分失望和沮丧。他母亲提醒他说："最好的总会到

来。"父亲借车给他，于是他驾车行驶了70英里来到了特莱城。他试了试爱荷华州达文波特的WOC电台。节目部主任彼特·麦克阿瑟是位很不错的人，他告诉里根他们这里已经雇用了一名播音员。当里根离开这个办公室时，受挫的心情一下子发作了。里根大声地喊道："要是不能在电台工作，又怎么能当上一名体育播音员呢？"说话的时候，他正在那里等电梯，突然听到了麦克阿瑟的叫声："你刚才说体育什么来着？你懂橄榄球吗？"接着，麦克阿瑟让里根站在一架麦克风前，叫他凭想像播一场比赛。里根脑中马上回忆起去年秋天时，他所在的那个队在最后20秒时以一个65米的猛冲击败了对方。他在那场比赛中，打了15分钟。他便试着解说那场比赛。然后，麦克阿瑟告诉他，他将选播星期六的一场比赛。

里根在回家的路上，就像自那以后的许多次一样，他想到了母亲的话："如果你坚持下去，总有一天你会交上好运。并且你会认识到，要是没有从前的失望，好运是不会发生的。"

在人生奋斗中，一个人若没有经历过失败，他就难以尝到人生的辛酸和苦涩，难以认识到生命的底蕴，也就不可能进入真正宁静祥和的境界。不慎跌倒并不表示永远的失败，惟有跌倒后，失去了奋斗的勇气才是永远的失败。我们若以平常心观之，失败本身也就不足为奇。

生活在西汉王朝的鼎盛时期的司马迁，伺候的是雄才大略的汉武帝刘彻。

在司马迁小的时候，父亲就给他灌输成大事的思想："每五百年就会出现一部伟大的作品，现在距离孔子作《春秋》已经有五百年了，又该出现伟大的人物和作品了。"司马迁牢记着父亲的话，也是这句话孕育着他想成为那位伟大人物的雄心壮志。

汉武帝发展农业，大力兴修水利，养兵征战开拓疆域，使华夏版图

空前辽阔。这些都成了司马迁成就《史记》的历史背景。

司马迁为了完成这部鸿篇巨制的史书，考察古代流传下来的趣闻轶事，实地巡访祖国的名山大川，了解和搜集各种散失的历史资料，行程几万里，历经数年，为写作《史记》搜集了大量的材料。公元前108年，司马迁被正式任命为太史令，开始了《史记》的编撰工作。

公元前98年，名将李广的后人李陵率兵攻打匈奴，陷入重围，兵败投降。朝臣们诽言主将李广利的无能（李广利是皇亲国戚，他妹妹是汉武帝的美人），将败北责任都推到李陵身上，而司马迁这时候却为李陵辩护。他认为李陵是名将李广之后，绝对不会无缘无故投降的。因为这件事，司马迁落了个"诬罔主上"的死罪。按汉律规定，交50万钱或受宫刑可以免除死罪。司马迁家贫，交不出钱赎罪，但为了实现编写《史记》的雄心，只好蒙受宫刑的奇耻大辱。

两年后，司马迁遇大赦出狱。他被汉武帝任命为"中书令"，继续《史记》的撰写工作。

受刑后的司马迁，遭受着世人百般耻笑和诽谤，神情恍惚，终日冷汗渗背，苦不堪言。纵然如此，他仍是笔耕不辍，大约在公元前93年，完成了这部史学巨著：中国第一部融史学、文学于一体的纪传体通史——《史记》，实现了自己的鸿鹄大志，理清了中国从远古到汉武帝的历史。

能经受住像司马迁一样苦难的人，在我们现实生活中并不多，而随便的小小打击就使人一蹶不振的事例却屡见不鲜，这的确该使人觉醒了。

一个平凡人成为一个领域的英雄或者成为一个时代的英雄，是挫折和磨难使然，因为英雄和平凡人的区别就在于，英雄在逆境中抓住了逆境背后的机遇，在绝境中创造了奇迹。而平凡人在逆境中选择了随波逐流，在绝境中选择了放弃。

自古英雄多磨难。遇到困难，不要回避困难；没有困难，不必制造困难；去积极面对；我们才有机会成功，才能做出大事业。

5. 始终坚持自己的理想

有人说："但凡优秀的人都是始终能坚持理想的人。"这句话在一定意义上道出了优秀的真谛。成功和精彩不是某些特定人士的独享，我们每一个人都可以拥有，只要你能够始终坚持自己的理想，优秀在你身边就能触手可得。

80后年轻人的楷模高燃，小时候家里环境很好，他聪明伶俐，远近闻名，父母、家人、村里人的期望让高燃自幼就树立了一个非常远大的理想。后来，家道中落，高燃为环境所迫念了中专。

1998年，17岁的高燃中专毕业后去深圳打工，他不满足做一个普通打工者，而通过自学到了外企去上班，在一家公司管理一个将近100人的团队，受到了充分的商业训练。这一年，高燃又舍弃了5000元的月薪回到湖南老家，成为当地高中的一名高三插班生。凭借着过人的天资和勤奋，半年后，高燃考上清华大学新闻系，创下了清华大学招生史上的奇迹。

从清华大学毕业后，高燃在《经济观察报》做了半年财经记者，还被报社评为当年最佳新记者。2003年，对财经、IT一窍不通的高燃经过8个月的记者生涯，凭着积累起来的人脉关系进入IT界创业。

　　2005 年 2 月，高燃与清华同学邓迪共同创建了高维视讯 MySee，专做视频直播。高燃任总裁，邓迪任首席执行官。8 个月后融进了几百万美元的风险投资。MySee 先后成为搜狐、新浪、新华网、千龙网、人民网等一系列网站的视频技术服务商，成为国内视频行业的老大。

　　高燃说："我不希望自己的人生一眼就看到头。我现在要趁着自己年轻，多做几年事情。"2006 年 10 月高燃离开 MySee，开始新的创业之旅。高燃创建了一个网站，名为狗仔网，以明星娱乐资讯为主业。

　　2006 年 11 月，狗仔网上线。不到半年时间，其排名就已进入全球800 强大关，而其资金只依靠此前获得的仅仅百万元的首笔风险投资。按流量计算，狗仔网已经是国内最大的明星资讯专业网站。后来，投资方出于扩展核心竞争力的考虑，将狗仔网更名为中国娱乐网。目前，中国娱乐网是国内娱乐网站第一名。

　　高燃说："一个人应该忠于自己的心，应该有一个理想，应该敢于用一切去追求自己的理想。如果我能最终成功，最重要的肯定是因为我的理想。"这就是高燃为了理想坚持追逐的心声。

　　一个有理想的人，才有创造事业的激情和动力；一个坚持理想的人，才能保持乐观主义精神和不畏艰险的毅力。在理想的路上，很多人选择了坚持，很多人选择了放弃，最让人感动的是那些坚持梦想的人。

　　德国著名作家席勒说："最重要的是忠于你年轻时的理想。"他说出了一种成功理念。每个人都有自己要走的路，都在消耗着自己年轻的资本，为的只是一个叫做理想的东西。理想失去了，青春之花也便凋零了，因为理想是青春的光和热。

　　悠悠岁月，你有没有那么一种坚持还留在心中？随着生命的起伏，年轻的理想是否依然没有改变？人生除了向往的理想之外，我们惟一要做的就是坚持，一往无前的坚持。有的人为理想奋斗几十年甚至终生，终于如愿以偿。大多数人从不缺少理想，但缺少把理想牢记几十年的坚韧。

　　不管是谁，只要忠于自己的理想，不管遇到什么困难都毫不退缩，坚定不移地坚持下去，理想大多会实现。退一步说，即使理想没有实现，我们也不会遗憾，因为追求的过程依然是我们的财富，值得我们珍惜。

　　人生中遇到的一个重要问题就是是否忠于自己的梦想。只要你充满信心地朝自己的理想迈进，并努力地去过自己想要的生活，你常常会有意想不到的成功。

6. 受到打击时，不要灰心丧气

当我们受到打击时，不要灰心丧气，要想办法让自己在被击倒的地方重新爬起来，抓住更大的目标，争取更大的成绩。

里维伦德·鲍勃·理查德曾在奥运会上得过冠军，他是一个成功者。

理查德能够夺得冠军的秘密是：决定试一试，并且马上行动。早在幼年，他就懂得：要实现某种目标，首先必须这样想，其次必须这样做。

在13岁时，理查德就下定决心，要当一名杰出运动员。他选择了撑杆跳高，训练时间超过了1万小时，他从1万小时的训练中悟出了一个"秘密"：你希望做什么——你决定做什么——决定你能够做到什么。

但是，我们或许会提出疑问："理查德天赋良好，身体健康，四肢发达，这才是他成功的原因。"不对，任何确立了生活目标的人只有不懈地努力工作才会成功。

有一位身体不像理查德那样健壮的运动员，让我们看一看他是怎么成功的。这位叫登普西的运动员生下来时右手变形，右脚只有一半，可是从小他的父母就帮助他树立起这样的信念："我是能够做事的，我会有成就的。"

和其他孩子一样，他参加了童子军，他不顾残疾坚持和他们一起参

加行程 10 英里的野营活动。长大后，他决定去打橄榄球。经过不断的练习，他掌握了打球的技术。于是，他申请加入新奥尔良的职业橄榄球队。教练劝他不要参加，而他坚持要求，教练不得不让他当候补射手。

最初，他们只不过想让他试一试，可没想到，他的球艺丝毫不比健康球员逊色。他可以把球踢进 50 米外的球门里，他们就让他在各种表演赛中出场。他越踢越好，一场共得了 99 分。

一场关键性的比赛真正考验了他。当时新奥尔良队落后 1 分，就在比赛只剩下最后几秒钟的时候，可全体队员还没过 45.72 米线，正巧对方犯规，教练换上了登普西踢任意球。登普西一下猛射，球从 57 米外直飞球门，中了！结果新奥尔良队以 19 比 17 获胜。

我们可以看出，登普西和理查德的认识是正确的：人们能够做到他们想做而且努力去做的事。那些说不行的人却永远不行。

大多数人的才能和志气都深藏潜伏着，必须要外界的东西予以激发，志气一旦被激发，如果又能加以继续关注和教育，就能发扬光大，否则终将萎缩而消失。志气和才能又如火一样，如果我们不小心呵护它，它就会被风刮灭而让黑暗占据我们的空间。

美国有一位 16 岁的年轻小伙子，许多年前在一家著名的五金公司当一名收银员，每个月领着极微薄的薪水，但他仍然心满意足地卖力工作，因为他希望通过自己脚踏实地的工作，有朝一日能使自己高升，最终达到前途无限。所以做起事来，他处处小心留意，永远抱着学习的态度，想把工作做得十分完美。他希望能够获得经理的赏识，提升他为推销员。谁知他的经理对他的印象却恰好相反。

一天，他被唤进经理室遭到了一顿训斥，经理告诉他说："老实说，你这种人根本不配做生意。但你的臂力健硕无比，我劝你还是到铁厂里

当一名工人去吧！我这里用不着你了。"

对于那位小店员来说，这一番训斥侮辱简直是平地响雷，他想不到素来自以为做得不错，却会得到这样相反的结果。一个踏入社会不久，年轻气盛的人，便遭受这样严重的打击，换了别人谁也受不了。他们定将气得暴跳如雷，从此做起任何事情来，都要抱着消极的态度，不肯"劳而无功"了。但这位年轻人并没有这样做，虽然被辞退了，但他仍有自己的理想。他要在被击倒的地方重新爬起来，争取更大的成绩。

"是的，经理，"他说，"你当然有权将我辞退，但你无法消磨我的意志。你说我无用，当然，这也是你的自由，但这并不减损我丝毫的能力。看着吧！迟早我要开一家公司，规模比你的大十倍。"

他说的句句是实话，他并没有吹牛，从此，他借着这次受辱的激励努力上进，几年后，果然有了惊人的成就。也许我们还不知道他是谁吧？他就是美国鼎鼎大名的玉蜀黍大王史坦雷先生。

史坦雷先生如果没受到这次的刺激，他当然也会力求上进努力工作的，但即使他能如愿以偿，结局也不过是成为一名五金公司的推销员而已。可是在经理的一顿训斥后他惊醒了，"心满意足"的心理被立刻打消了，他抓住了更大的目标。这才能从一个无名的小店员，一跃而成为世界有名的"大王"。足见有时受一次严重的打击，往往能够使我们获得莫大的益处。

7. 只要精神不倒，就有希望

　　人们喜欢松树，赞美松树，是因为它的精神。无论周遭如何恶劣，它的身姿依然如此挺拔。它直立傲然，生命的威严于寒风中英姿勃发。看见松树，就想到人类柔弱生命缘何多姿多彩却也多劫多难。

　　精神是生命的支柱，只要精神不倒，人就永远不会倒。遇到挫折就放弃的人，正是在人生的关键时刻出卖自己的人，真正的勇者决不在人生关键时刻出卖自己。

　　艾柯卡在福特汽车公司工作了 32 年，当了 8 年总经理，可以说是一帆风顺。他怎么也不会想到，由于他功高盖主，突然间被妒火中烧的大老板亨利·福特开除而失业了。艾柯卡痛不欲生，他开始喝酒，对自己失去了信心，认为自己要彻底崩溃了。

　　就在这时，克莱斯勒汽车公司向艾柯卡发出邀请，请他出任总经理。这是一个新挑战，因为此时的克莱斯勒汽车公司濒临破产。凭着他的智慧、胆识和魅力，艾柯卡大刀阔斧地对克莱斯勒进行了整顿、改革，并向政府求援，舌战国会议员，取得了巨额贷款，得以重振企业雄风。

　　在艾柯卡的领导下，克莱斯勒公司在最黑暗的日子里推出了 K 型车

的计划，此计划的成功令克莱斯勒起死回生，成为仅次于通用汽车公司、福特汽车公司的第三大汽车公司。

1983 年 7 月 13 日，艾柯卡把生平仅有的面额高达 8.13 亿美元的支票交到银行代表手里。至此，克莱斯勒还清了所有债务，而恰恰是 5 年前的这一天，亨利·福特开除了他。

事后，艾柯卡深有感触地说："奋力向前，哪怕时运不济；永不绝望，哪怕天崩地裂。"

精神是生命的支柱，一旦它垮下生命就会变形。许多人停下前进的步伐，丧失了生存的勇气，追根究底是因为心理上的恐慌和绝望。你若以失败自居，便会真的成为失败者。只要有一息尚存，就不该绝望。

一位农民，初中没毕业家里就没钱继续供他上学了，他只得辍学回家帮父亲耕地。他 19 岁时，父亲去世了，家庭的重担全部压在他的肩上。他要照顾身体不好的母亲，还有一位瘫痪在床的祖母。

他听说养鸡赚钱，就向亲戚借了一笔钱养鸡。一场洪水后，鸡得了鸡瘟，几天内全部死光。他背下巨额债务，母亲受不了这个刺激忧郁而死。后来他酿过酒，捕过鱼，甚至还在石矿的悬崖上帮人打过炮眼，但都没有赚到钱。35 岁的时候他还没有结婚，因为他太穷了。

他还想搏一搏，就四处借钱买了一辆拖拉机。不料，上路不到半个月，这辆拖拉机就载着他发生了一场事故。他断了一条腿，成了瘸子。那辆拖拉机也支离破碎，他只能拆开它当作废铁卖。几乎所有认识他的人都说他这辈子完了。

后来，他却成了一家公司的老总，手中资产有两亿元。现在，许多人都知道他苦难的过去和富有传奇色彩的创业经历。许多媒体采访过他，其中一位记者问他："在苦难的日子里，你凭什么一次又一次毫不退缩？"

他坐在宽大豪华的老板台后面，喝完了手里的一杯水，然后把玻璃杯子握在手里反问记者："如果我松手，这只杯子会怎样？"记者说："摔在地上，碎了。"他说："那我们试试看。"

他手一松，杯子掉到地上发出清脆的声音，但并没有破碎，完好无损。他说："即使有 10 个人在场，他们都会认为这只杯子必碎无疑。但是，这只杯子不是普通的玻璃杯，而是用玻璃钢制作的。"

成功属于永不绝望的人。希望像一盏小小的灯火，让我们在苦难中看到光明和美好的一面。只有人，才由其自身产生出面向未来的希望之光，才能创造自己的人生。

8. 不经历风雨怎能见彩虹

每个成功的人，在奋斗的过程中都会吃尽苦头，而最后的笑声才是最甜的，最后的成功才是具有决定意义的成功，起初的成就和痛苦只不过都是为后来而设的奠基石。

1970 年出生于上海的黄文涛，生下来就双目失明。他从小离开父母的怀抱，去上盲校，养成了自己照顾自己的习惯，懂得了自立、自尊、自信、自强。1985 年，黄文涛加入了盲童学校田径队，开始了他的体育生涯。

短跑和跳远是他的主攻方向，可想而知，残疾人搞体育会给他带来多少无法想像的困难和意外。当时使用的还是非常落后的助跑器，踏脚板用一根细长的铁钉支着。在一次训练中，出了意外，铁钉斜伸出来，一个正常人就可以很轻易地看出来，但他却什么也看不见。一脚踏上去，一股钻心的疼痛便从脚底下传出，疼的他一下昏了过去。原来铁钉穿过了跑鞋底和他的脚掌，又从鞋面扎了出来。正是因为先天的缺陷，残疾人搞体育运动要付出许多在正常人看来非常无谓的代价。教练员的示范动作，他看不清，只能"盲人摸象"似的一步步分解、揣摩，一遍遍练习。

黄文涛在1992年参加了巴塞罗那残奥会。黄文涛凭借沉着冷静的超水平发挥，以3厘米之差打败了西班牙的胡安，赢得了冠军。当他站在领奖台上，聆听庄严的国歌奏响的时候，心中充满了自豪感。

黄文涛如果对自己悲观失望，如果踩到钉子后就向命运认输，放弃追求，如果……在失败、挫折面前一旦意志涣散，人就会很快并永远地沉沦下去，命运就会把我们踩在脚下。只要摔倒了再爬起，不停地努力，失败了再坚持，困难也会怕我们的。

生活中，每个人都会面临失败的考验，考验他们的心态、他们的意志。不必否认，成功者也会失败，但他们之所以能够成功，就在于他们失败了以后，不是为失败而哭泣流泪，不是消极厌世，而是从失败中总结教训，并勇敢地站起来，抚平伤痕继续前行……

1864年9月3日这天，郊区的一座工厂突然爆炸了，大火吞没了整个工厂。火场旁边，站着一位三十多岁的年轻人，突如其来的惨祸和过分的刺激，已使他面无人色，浑身不住地颤抖着……这个大难不死的青年，就是后来闻名于世的阿尔弗雷德·诺贝尔。

这场大火使他的家庭也受到了很大打击，几位亲人也因为这场大火失去了生命和健康。

但困境并没有使诺贝尔退缩。几天以后，人们发现在远离市区的马拉仑湖出现了一只巨大的平底驳船。驳船上并没有装什么货物，而是摆满了各种设备，一个青年人正全神贯注地进行一项神秘的实验。他就是在大爆炸中死里逃生、被当地居民赶走了的诺贝尔。大无畏的勇气往往令死神也望而却步。在令人心惊胆战的实验中，诺贝尔没有连同他的驳船一起葬身鱼腹，而是碰上了意外的机遇——他发明了雷管。雷管的发明给人们带来了很多益处，人们又开始亲近诺贝尔了。他把实验室从船

上搬迁到斯德哥尔摩附近的温尔维特，正式建立了第一座硝化甘油工厂。接着，他又在德国的汉堡等地建立了炸药公司。一时间，诺贝尔生产的炸药成了抢手货，源源不断的订单从世界各地纷至沓来，诺贝尔的财富与日俱增。

然而，获得成功的诺贝尔并没有摆脱灾难。

不幸的消息接连不断地传来：在德国，一家著名工厂因搬运硝化甘油时发生碰撞而爆炸，整个工厂和附近的民房变成了一片废墟；在旧金山，运载炸药的火车因震荡发生爆炸，火车被炸得七零八落；在巴拿马，一艘满载着硝化甘油的轮船，在大西洋的航行途中，因颠簸引起爆炸，整个轮船全部葬身大海……一连串骇人听闻的消息，再次使人们对诺贝尔望而生畏，甚至把他当成瘟神和灾星。如果说上次灾难还是小范围的话，那么，这一次他所遭受的已经是世界性的诅咒和驱逐了。人们把灾难都归到了诺贝尔一人身上了。面对接踵而至的灾难和困境，诺贝尔没有一蹶不振，他身上所具有的毅力和恒心，使他对已选定的目标义无反顾，永不退缩。在奋斗的路上，他已习惯了与死神朝夕相伴。

炸药的威力曾是那样不可一世，然而，大无畏的勇气和矢志不渝的恒心最终激发了他心中的潜能，最终吓退了死神，征服了炸药。诺贝尔赢得了巨大的成功，他一生共获专利发明权355项。他用自己的巨额财富创立的诺贝尔奖，被国际科学界视为一种崇高的荣誉。

不经历风雨怎么见彩虹，任何一个走向成功的人，过程都不会是平平坦坦、一帆风顺的，都会走一些弯路，经历一些坎坷，在一次又一次地跌倒之后才能为成功找到出路和方向。

9. 踢好临门一脚

有人讲述过他看到的一个场面：在一片水洼地里，一只水鸟正在吞噬一只青蛙。青蛙的头部和大半个身体都被水鸟吞进嘴里，只剩下一双无力乱蹬的腿。突然，青蛙将前爪从水鸟的嘴里挣脱出来，猛然攥住水鸟细长的脖子……

在生活中，当失败、危机向你涌来，你只会沮丧、失望吗？你有没有想过失败的对面是成功，危机的对面是转机呢？

一个阴凉的深秋之夜，45 岁的斯科特·麦格里戈在加州的家里对着电脑工作，他抬起疲倦的眼睛向厨房望去，看见太太和 10 岁的小儿子特拉维斯正在数零钱准备去买牛奶，家里已好几天都在靠零钱支付牛奶费了。

麦格里戈走进厨房，说："不能再这样下去了，明天我出去找工作。"他内疚地说道，那双布满血丝的眼睛里有着男人不能赚钱养家的悲哀。小儿子特拉维斯转过脸来说："爸爸，你都坚持到今天了，你不能放弃。"接着又补充了一句："你就只差临门一脚了。"麦格里戈无言地站着。

两年前，他为了实现自己的一个设想而放弃了安稳的工作。他原在一家出租手提电话公司上班，在机场与旅馆向商务旅客出租折叠式手提

电话。但是那种电话机不能逐条开列账单，有些顾客因此无法向公司报销。如果在话机装块电脑晶片记录每一次的电话，这个问题就解决了。麦格里戈这样想，他知道这个主意一定能赚钱。

在家人的支持下，麦格里戈辞去了工作，开始寻找投资者。但反应冷淡，他只好自己先干起来。第二年3月，麦格里戈已到了山穷水尽的地步，房主来敲他的门，说星期一再不缴房租，就要把他们撵出去了，而这一天已是星期五了。

随后的两天里，麦格里戈一直在打电话找投资者。终于在星期天晚上11点钟，有个人答应给他寄张支票。麦格里戈靠那笔钱补交了房租，还了欠账，请了一位顾问工程师。但过了不久，那位工程师说麦格卫戈心目中的系统是造不出来的，麦格里戈只回答了5个字：继续努力吧。

到了5月份后，麦格里戈一家又陷入困境，麦格里戈打电话给电信巨头贝尔南方公司。一个经理问他："你能在6月24日交出原型吗?"麦格里戈看着那位说办不到的工程师与堆满工作台的不合用的零件，咬咬牙说："没问题。"他尽可能使自己的语气听上去坚定一点。放下电话，麦格里戈叫回正在大学主修电脑学的大儿子吉瑞格，把那项艰巨的挑战讲给儿子听。吉瑞格立刻投入了每天长达18个小时的工作，想造出连专家也束手无策的自动线路。这的确是个难题，他必须发明一个记录系统，把信用卡记账软件、计时软件和一个能记录电话从哪里打到哪里的系统结合起来，装进一块仅有指甲大小的晶片里。

6月23日，父子二人带着甚至未来得及试验的产品飞往亚特兰大。吉瑞格把原型电话机递给贝尔南方公司的一位经理，告诉他："试试看吧。"那位经理把信用卡插进电话机，打了个电话，电话通了。随后吉瑞格给南方电话公司递上了一张清清楚楚的打印账单。

今天，麦格里戈的"泰里马克手提电话机公司"资产超过千万美元，在同行业内名列榜首。回忆那些似乎一直注定要失败的、数着零用钱买

248

牛奶的日子，麦格里戈得意地说："我们这个家庭受过锤炼，没有什么会轻易击倒我们。"在所有的财富中，这似乎是比百万美元更为珍贵的一笔。

"你就只差临门一脚了。""没有什么会轻易击倒我们。"父子两人的话价值千金，尤其是在你想放弃的时候更为珍贵。

放弃了就意味着失败，一切永不再来。坚持住就还有希望，哪怕希望很渺茫很渺茫，说不定还有转机。在最困难的时候不要有向后退的念头，成功就只差临门一脚。

我们时时要踢好自己的临门一脚，最困难的时候，要调动一切可以调动的力量，多管齐下寻找解决问题的策略和途径。

10. 要成功，必须全力以赴

每一个成功者，在生活中都经过一番奋斗。要想获得成功，仅仅尽力而为还不够，还必须全力以赴。人生是不断奋斗的过程，勇于面对困难、克服困难，继续迎接下一个挑战的人，就是最后的赢家。

1832年，林肯失业了，这显然使他很伤心，但他下定决心要当政治家，当州议员。不幸的是，他竞选失败了。在一年里遭受两次打击，这对他来说无疑是痛苦的。

接着，林肯着手自己开办企业。可一年不到，这家企业又倒闭了。在以后的17年间，他不得不为偿还企业倒闭时所欠的债务而到处奔波，历经磨难。

随后，林肯再一次决定参加竞选州议员，这次他成功了。他内心萌发了一丝希望。认为自己的生活有了转机："大概我可以成功了！"

1835年，他订婚了。但离结婚的日子还差几个月的时候，未婚妻不幸去世。这对他精神上的打击实在太大了，他心力憔悴，数月卧床不起。1836年，他得了精神衰弱症。

1838年，林肯觉得身体良好，决定竞选州议会议长，但他失败了。1843年，他又参加竞选美国国会议员，这次仍然没有成功。

　　一次次地尝试，一次次地失败，但林肯没有放弃。1846年，他又一次参加竞选国会议员，终于当选了。两年任期很快过去了，他决定要争取连任。他认为自己作为国会议员表现是出色的，相信选民会继续选举他。结果很遗憾，他落选了。

　　这次竞选他赔了一大笔钱，林肯申请当本州的土地官员。但州政府把他的申请退了回来，上面指出："做本州的土地官员要求有卓越的才能和超常的智力，你的申请未能满足这些要求。"

　　接连又是两次失败。林肯依然没有服输。1854年，他竞选参议员失败了；两年后他竞选美国副总统提名被对手击败；又过了两年他再一次竞选参议员还是失败了。林肯一直没有放弃自己的追求。1860年，他当选为美国总统。

　　人生过程中，重要的不是成功，而是奋斗。成功者的一生一直在奋斗，我们为了成功不断在努力着，成功是奋斗的结果，奋斗是成功的必经之路。我们付出努力就是为了有一天能获得成功。

　　伟大的发明家爱迪生说过：天才是靠99%的勤奋和1%的灵感。要想取得成功就必须百倍努力，努力不够是不可能获得成功的。在爱迪生发明耐用电灯泡之前，他曾做过几千次实验，但仍没有办法使灯丝能耐住高温。爱迪生说："我一定要找到一种能耐住高温的材料，一定要把它找出来。"后来他终于发明了耐用电灯泡，使全世界人民得到幸福，被誉为20世纪最伟大的发明之一。

　　如果爱迪生不是坚持不懈地努力，是不可能发明耐用电灯泡的，可见成功是需要条件的，只要达到了成功所要求的条件，成功就不远了。

　　励志大师戴尔·卡耐基说："要想获得成功，仅仅尽力而为还不够，还必须全力以赴。"成功偏爱那些全力以赴的人，你的努力将会

成为未来的成功。

每个人都有机会创造奇迹，问题是你到底付出了多大的努力来做好你的工作。如果你现在还没达到你的人生目标，不要埋怨别人，先诚心地问自己，你的努力是一般人的几倍？

无论做什么事，都要全力以赴，不要辜负你的才能。在人生的战场上，获胜的人个个都是勤奋工作，而且通常费时甚久才达到目标。只要努力，每一次努力都会缩短走向成功的距离。

11. 人要学会自我突破

　　每个人心里都有对成功的向往，但更多的人没有获得成功，还有一些人总是羡慕别人成功。其实，你自己也可以做到成功，只要你能突破你自己的极限。

　　成长的过程是痛苦的，因为那需要不断地突破原来的自己，确确实实就像小鸡突破蛋壳，蝴蝶挤出茧壳一样。人生将有无数次的自我突破，在突破中蜕皮，在蜕皮中痛苦，在痛苦中获得新生的体验。

　　有一则科学家研究一群跳蚤的故事：有一个玻璃盒，盒是盖住的，里面放了很多跳蚤。跳蚤开始时天天跳，想往外跳出来，可是无论他们怎么努力就是跳不出来，突破不了玻璃盖。后来它们累了，也就不去跳了。

　　几天后，科学家把盖子拿掉了，跳蚤们还是不跳了。后来科学家们就在玻璃盒下面不断加火，受不了火的热度，有一批跳蚤们就不停地往外跳，然后跳出来了。第一批跳出后，第二批也跟着跳，也出来了。再后来火越加越热了，第三批跳蚤也被迫跳出来了。最后火就更热了，可是还有一些跳蚤，就是不敢跳出来，宁愿死在那里。

从跳蚤联系到人类，第一批行动的人成为领导者，最终获得大的成功。第二批是跟随者，也会获得一定的成功。第三批被某些环境所迫走出来了，也能得到少许的成就。最后不敢跳出来的，是死得无怨的那种个性，不敢突破极限，不敢突破自己，所以在那里等死。如果我们也能第一个跳出来，第一个突破自己，不是很好吗？我们不是也可以成功吗？

人只有突破自己，才能取得成功。在人生的旅程里，每个看来并不重要的动作都可能带来突破。重要的是，你要有敢于突破自己的勇气。

老拳王阿里已经 4 年没有登台，33 岁的他体重超过正常体重二十多磅，速度和耐力也大不如前，医生已给他的拳击生涯判了死刑。但是，阿里坚信精神才是拳击比赛的支柱，于是重返拳台。

1975 年 9 月 30 日，阿里第三次挑战拳坛猛将弗雷泽，前两次一胜一负，胜败在此一举。进行到第 14 回合时，阿里精疲力竭，已再无力气迎战第 15 回合。然而他拼着性命坚持着，不肯放弃。他心里清楚，对方和自己一样，只要在精神上压倒对方，就有胜出的可能。于是尽力保持自己坚毅的表情和誓不低头的气势，双目如电。

这令弗雷泽不寒而栗，甘拜下风。裁判宣布阿里获胜。阿里还未走到台中央便两眼漆黑，双腿无力地跪在地上。此时的弗雷泽追悔莫及！

在这个世界上，最可怕的敌人是你自己。其他人只能打倒你，但不能打败你，打败你的只有你自己。我们只有不断超越自我，才会有新的发展。

曾经有一篇文章叫《突破自己》，主要讲有一艘大船不幸沉没在大海里，有九名成员拼死登上了一个孤岛。孤岛什么食物都没有，只有海水，

又咸又苦。有八位船员饥饿口渴饿死了，岛上只剩下一名船员，当这名船员即将死亡时，他跳下海里渴了一肚子水，最后还是活着。其实谁都明白海水不可以解渴，这是基本的常识，但是勇于突破的人却得以生存！

人只有突破自己才能进步，才能让自己变得比过去强。我们应常常思考：我的努力够不够？我的态度是否积极？我的意志力是否坚定？一个常常会回到心灵深处自我观照的人，将为自己累积巨大的能量，让许多的不可能变为可能。

人很多时候会看不清自己，虽然知道一切都可以愉悦地对待，即使是苦难。但现实中我们往往做不到，原因是我们无法突破现有的境界。在攀登的路上或许很难，但要学着尽可能愉悦地对待，每一天自省并提高。

12. 强者没有长久的困境

马丁·路德·金曾经说过："要评价一个人，不能看他在顺境中的意气风发，而要看他在逆境中破浪。"逆境本身并不可怕，可怕的是我们在逆境中失落了自己。

一个人持续做一件事并不容易，因为在奔向成功的途中，总可以轻而易举地找到一千个放弃的理由。于是，很多时候，胜出者的根本法宝是信念和坚持。

我国古典文学名著《红楼梦》，是曹雪芹在身处逆境的情况下写成的。他在亲自经历了长达百年之久的官僚贵族家庭急剧败落的变化之后，看到了封建统治阶级的盛衰轮替以及无可挽救的命运，深感自己生不逢时，怀才不遇，决心写出一部前无古人的传世著作。

身陷逆境的曹雪芹遇到的是今天我们难以想象的困难。在那个时代，读书人的惟一正路是读经书、考科举，写小说被认为是不肖、不才的行径。当时又是清朝文字狱盛行的时期，在写作中稍有不慎，就会触怒统治阶级，轻则充军流放，重则满门抄斩，甚至株连九族。上层统治者和文人学士，又习惯于从小说中捕风捉影，猜度其中"影射"什么，揭了哪家阴私。而曹雪芹

写的恰恰是一部"怨世骂时"的书，遭到了族人的不满和统治者的猜忌。除了两三位好友支持他外，世人都认为他是"傻子"、"疯子"。统治者甚至用拆毁他的房屋，令他几度搬迁来阻止他的写作。

面临这样的逆境，曹雪芹没有消沉退却，而是从中吸取动力，更加努力地进行写作。曹雪芹正是把逆境当成动力，才没有被饥饿吓倒，也没有因缺钱买纸而停笔，更没有因穷困潦倒、备受欺凌而草率写作。他把毕生的心血都倾注到《红楼梦》的写作上，逆境中"披阅十载，增删五次"，终于写出了令世人称颂不已的《红楼梦》。

生活中挫折是在所难免的，陷于逆境中是不幸的，重要的不是逃避，而是奋力争取，许多奇迹都是在厄运中出现的。逆境破浪，这是一种积极心态，更是人生必修课。

公元 743 年，鉴真第一次东渡，正准备从扬州扬帆出海时，不料被人诬告与海盗串通，东渡未能实现。同年年底，鉴真和同船 856 人第二次东渡。刚一出海，就遇到了狂风恶浪，船只被击破，船上水没腰，这次东渡又告失败。

鉴真修好船后，到了浙江沿海，又遇到狂风恶浪，船只触礁沉没，人虽上岸，但水、米皆无，他们忍饥挨饿好几天，才被搭救出来，第三次东渡又遇挫折。第四次东渡因人阻拦，也未成功。

遭受挫折最为惨重的是第五次东渡。公元 748 年，鉴真一行 345 人又从扬州乘船东渡。船入深海不久，就遇上特大台风，船只受风吹浪涌漂到浙江舟山群岛附近。停泊三个星期后，鉴真再度入海，不料又误入海流。这时，风急浪高，水黑如墨，船只犹如一片竹叶，忽而被抛上小山高的浪尖，忽而陷入几丈深的波谷。

这样漂了七八天，船上的淡水用完了，每天只靠嚼点干粮充饥。在

口渴难忍时就喝点海水，这样苦熬了半个多月，最后漂到了海南岛最南端崖县，才侥幸上了岸。他们跋涉千里，历尽千辛万苦才又回到了扬州。在路上几经磨难，63岁的鉴真身染重病，以致双目失明。即使是在这样的情况之下，鉴真东渡日本的决心丝毫未动摇，仍为第六次东渡作准备，后来终于获得了成功。

在追求成功的过程中会遇到各种逆境，我们要能够"千里云海漫漫路，虔心不移志如磐"。很多人遇到逆境会很自然地向后转，要么留在原地踏步，只有极少数人能突破瓶颈过关斩将，他们才是真正的英雄好汉。

谚语说：强者没有长久的困境。成功的人，在事业上能够竭尽全力，毫不畏惧挫折和失败，一心要得胜，以比从前更坚韧的决心努力向前，直至成功。

对于坚韧的人来说，执着的追求与坚持就是事业成功的机遇。他们有着顽强的意志力，在困境中这种精神更是他们的优越之处。身处逆境的情形并不能使他们气馁，此时所需要的是走出困境的办法。

金花集团总裁吴一坚在创业之初，有一回，工厂的170万元货发出以后，对方未能按合同及时结算，又赶到春节，公司职员全都准备拿了钱回家过年，吴一坚为了职员们能过好年，到朋友处借，取出自己所有的存款及时地发给职员。

腊月二十七，职工们都走完了，他却不能回去。爱人的电报、电话一个接一个："结完婚6天你就去广州，孩子出生时你又在海南，我们女人一生中最需要男人的两个时刻，你都去忙事业了，这过年又回不来，我们怎么向父母交待？"

再坚强的男儿也会止不住泪水的。吴一坚听完妻子在电话中的诉说，强忍着泪水安慰了妻子和孩子。放下电话，从来不知什么叫悲伤的吴一

258

坚才真正感受到了孤独和悲伤，他伤心地哭了。孩子的叫声和妻子的哭声时刻在刺激着他，他真想立即回到他们的身边，享受一下轻松和安逸，或者让他们母子二人到海南来共享天伦之乐。但他不能这样做，他身上只剩下 50 元钱，这 50 元钱要度过 15 个日日夜夜，而他的困难他又不能告诉家人，害怕给他们增添不必要的担忧。

为了节省，吴一坚买了一百个馒头，整整吃了十五天，放假归来的工人们见到他时，以为他得了病，而他能说什么呢？只能笑迎新年。吴一坚曾说过："我是用自己的经历悟出了'苦难是最好的老师'这个道理。苦难能使人学到许多有用的东西，得到真正的锻炼，人往往在越困难的时候意志越坚强，奋斗的目标也越清晰。"

人生的机遇，是在苦苦奋斗中争取来的。在追求成功的道路上，我们要能够忍耐从肉体到精神上的全面折磨，之后才能"历劫成圣"。依靠忍耐，许多困难，甚至许多原本已经无望的事情都可以起死回生。像拥抱幸福一样拥抱苦难，我们的人生会更精彩。

一位非常有名的企业家，他的办公室非常豪华，业务繁忙，公司做的很大。然而，就在这家鼎鼎大名的公司背后，藏着无数的辛酸血泪。

这位企业家在创业之初的头六个月就把自己十年的积蓄用得一干二净，并且一连几个月都以办公室为家，因为他付不起房租。他也婉拒过无数的好工作，因为他坚持实现自己的理想。他也被拒绝过上百次，拒绝他的和欢迎他的顾客几乎一样多。就在整整七年的艰苦挣扎中，谁也没有听他说过一句怨言，他反而说："我还在学习啊！这是一种无形的、捉摸不定的生意，竞争很激烈，实在不好做。但不管怎样，我还是要继续学下去。"他真的做到了，而且做得轰轰烈烈。

朋友有一次问他："把你折磨得疲惫不堪了吧？"他却说："没有啊！

我并不觉得那很辛苦，反而觉得是受用无穷的经验。"

　　这就是他成功的秘密。读过名人传记的人知道，那些功业彪炳史册的伟人，都受过一连串的无情打击。只是因为他们都坚持到底，才终于获得辉煌成果。

　　天下哪有不劳而获的事？如果能利用种种挫折与失败，来驱使你更上一层楼，那么一定可以实现你的理想。我们要在希望中喜悦，在苦难中坚持。今天的苦难可能就是明日的辉煌。　·

第八章

常充电，让自己变得更强大

在社会发展日新月异、知识更新速度不断加快的年代里，"充电"已经成为人们走向成功、提升自身竞争力的重要途径。要想得到成功的青睐，就及时地给自己充电，为成功的天平增添砝码吧！

1. 知识就是财富

有这样一个故事：一个青年，他经常坐火车、轮船旅行远方。每次在船车中，他总是随身带些读物，如袖珍书本、函授学校中的讲义，他利用别人很容易浪费掉的零星时间读书，积累知识，以求进步。通过这样日积月累，他掌握了更多的知识，包括历史、文学、科学等等。这些知识虽然一时用不着，但是，总有用得着的一天。后来，这个年轻人应聘一所大学的讲师，他凭着自己丰富与广博的学识被学校录取了。后来他对朋友说，多亏几年的读书。

平时不用功，临危抱佛脚，这种学习态度要不得。不论你工作多忙，在工作之余或睡觉前，你完全可以腾出 10 分钟读书。那些老说自己没时间读书的人，其实是为自己找借口。你可以把时光浪费在闲聊中，在无限空虚的感叹中，为什么不能整理自己的情绪读一下书？读书使人增加知识，勤奋读书的人，比起那些有天赋但不读书的人更有修养，取得成功的几率更高。如果你有一种孜孜不倦以求进步的精神，你就会超越别人，超越那些不读书天赋比你高的人。

有的人或许以为利用闲暇的时间来读书会牺牲自己的其他时间，或者影响工作，这样的想法是错的。读书的作用之大，对于人的一生来说，

太重要了。生活竞争日趋激烈，生活情形日益复杂，如果你没有学识，你就有可能被这个社会淘汰出局。

当然，也许你会这样想，把时间放在读书上，岂不是浪费了做大事的时间？其实不然，这里说的是叫你每天腾出10分钟读书，不是叫你整天读书。10分钟虽少，但可以集腋成裘，日积月累，方能充实你的知识宝库，渐渐地推广你的知识地平线。将一分一秒的闲暇时间，换来种种宝贵的知识。知识可以给予你能力，使你得以上进，这种机会难道你忍心放弃吗？

耶鲁大学的校长海特莱曾经说："各界的人，如商业界或产业界中的人，都曾告诉我：他们最需要、最欢迎的大学生，就是那些有选择书本的能力及善用书本的人。而这种选择书本与善用书本的能力的最初养成，最好是在家庭中——具备着各种书籍的家庭中。"

一个天资比较高的儿童，只要常有接触书、使用书的机会，就一定能从书本中摄取丰富的知识。凡是家庭中备有不少辞典、百科全书以及其他种种有益的书籍的，其儿童往往会于不知不觉之间，利用那容易虚掷的空闲时间来充实和教育他们自己。这种教育的代价，只是书籍的准备，要比学校教育所费的代价便宜十倍以上。书籍可以使家庭布置得幽雅、美观，使儿童乐于待在家中。而那些忽略教育设备的家庭，他们的儿童会厌恶家庭，喜欢到外面乱闯，以致陷入种种危险之中。

家庭是一个人接受最主要的生活训练的地方。在家庭中，我们养成习惯，形成志趣，而这些习惯、志趣，将影响我们的一生。

有一户人家，其父母子女相约于每晚留出一部分的时间作读书或自修之用。晚餐结束后，他们就一起休息及游戏。在一个小时之内，或谈笑戏谑，或做各种玩意儿，极尽欢娱。一小时后，便是读书的时候了，于是他们各就各位，或读书，或写书，或作别项自修，静得连根针掉到地上都可以听见。假设有一人觉得不适意、不高兴、无意自修，他至少也要静默无声，不去打扰他人。

在他们中间有一个和谐的、统一的意志——凡可能分散注意力、打断心思与使人心驰神往的一切，都已被有效防止。就事实而论，一小时聚精会神、不被扰乱的读书，其成效要大过常被扰乱与心不在焉的两三个小时的读书。

有不少青年男女，有志在学问上求上进，而最终受阻于家庭中的恶劣环境。例如晚餐之后，全家都谈笑喧哗，毫无休止，所以也就无意自修、无心读书了，充其量也只是看些低级趣味的小说。而家庭成员中要认真读书的倒反而受嘲笑，仿佛是欲使其同流合污而后已。

无论一个人平时怎样忙碌，但总有很多的光阴是虚度或浪费掉的，而这些虚度的光阴假设能善于利用，是一定能生出大益处来的。

2. 家财万贯不如薄技养生

现代社会择业竞争如此的激烈，我们要想生存，就要树立起学习终身制的习惯，争取一专多能，多元化发展，一是为了谋生，适应这个社会，二是为了充实自己。

有一位老师，在单位又兼任会计，她的教学业务和会计业务能力都是说得过去的，工作以后，一直未放得下学习，并已参加了注册会计师考试，这几年她也发表过许多的"豆腐块"。后来，她所在的学校招生形势很差，学校关了门，只发生活费，按理说找工作不成问题，而且她在择业上本来就无贵贱观，可真找工作时，又被性别原因、年龄原因等给限制了，加上现在又怀孕了，于是她索性拿起笔在家做个清贫的自由撰稿人，从而也为自己闯出一条路来。

"家财万贯不如薄技养生"这是一句老话。随着市场经济的发展，产业结构的调整和经济体制改革的深化，传统的"从一而终"的就业观念，正受到越来越大的挑战。企业兼并破产和减员增效带来的下岗、待岗，使富余人员大量增加，为"第二次就业做准备"已成为一些人的共识。一个人要在社会上生存，其技术和技能是赖以生存的重要条件，也是个

266

人谋生的手段。参加工作一二十年，一个不注重随时给自己充电的人，到了企业竞争上岗、择优录取的时候，其原有的知识量，早已经严重"透支"，经不起市场的风起云涌。怎样才能让"谋生手段"这张存折上的数字越来越大呢？"终身学习，随时充电"才是"万变不离其宗"的法门。仅仅守着"干一行，爱一行"的观念是不够的，只有"精一行、会两行、懂三行"的复合型人才，才是市场上的"抢手货"。

传统意义上的七十二行，在这个知识爆炸的时代已经明显不够了，全世界每年有多种工作岗位在不知不觉中消失，同时，又有上千种新兴的岗位悄然出现。目前，国家推行的劳动用工资格认证制度，正是为人们提供了正确规范就业的管理。求职者除其各项应有学历以外，还必须经过培训、考核并取得职业资格证书，才能获得新职业。

临渊羡鱼，不如退而结网。君不见：电脑、计算机等级证书，英语等级证、电子维修、文秘财会、棋艺茶道等各种培训班的"人气"很旺吗？如今，文明素质和职业技能已经成为影响你收入高低和生活质量的最主要的因素。当企业经营出现困难时，高素质、多技能的员工轻易跳槽，享受高薪；而只有单一技能的职工的就业率就低得多。许多人早已开始针对市场需要什么就学什么，知识结构里缺什么，就补什么。只要浑身"修炼"得"十八般武艺"，任何变化你都能泰然处之。"艺多不压身"，正如一句广告词所说：有实力才有魅力。处于社会竞争的我们，要认清个人所处的位置，认识到培养各种技能的重要性，这既是社会经济发展的需要，也是每个人自身生存发展的需要。

有一个朋友，年龄已过 30 岁，下岗了。她花两年时间苦读韩语，因为有些基础，她领到国家承认的专业文凭。她被一家中韩合资企业聘去当翻译。重新工作的她，尝到过下岗的苦衷，工作很卖力气，月薪也比在以前的单位时高出好几倍。工作中，常有些日本客户来谈项目，日语

她懂几句，但很不成样，她又暗下决心，研读日语，陪客户时向客户学习，工作之余用录音机学习，节假日她去外语学院学习，家里的事全托付给她丈夫了。又经过 3 年的努力，她的日语水平已达到六级，口语达到相当的水平。后来，她又跳槽到大连市一家中日合资企业，收入颇丰。

想想看，她没有外语的技能谁会要她，她没有日语的技能又怎么能跳槽，挣更多的钱呢？过去有句话叫做"空面袋子在哪也立不起来"。

意思是说，人没有点儿技能是不行的。现在还有一句话"一个人总得有两下子，一下子是不行了"。为啥不行了呢？就是因为社会发展了，科技进步了。再则，这个"一技"还是"多技"怎么比，和谁比。如果范围很小，限于家里，班组里，小企业里是不行的，那也不叫一技。所谓的"一技"或是"多技"必须是国家认可的，社会认可的，有相当范围，这种多技才有作为。

总之，我们只有更努力，更出色，更独立，才能在这个社会站住脚。

3. 真才实学比学历更重要

真才实学是走向成功的敲门砖，那种仅仅靠一张徒有虚名的文凭，只能是摆摆花架子罢了，是难以适应社会的发展的。

高尔基曾说："社会是一所最好的大学。"社会这所大学很务实，能给你实用的知识，也能给你鲜活的资料，如果你真的需要，它什么都可以给你提供。爱上这所学校吧，这是你一生受用的学校。

渴求知识是一种积极心态，很多人在没有条件读书后就会说：就是这命。而有些人在没有读书后却能更发奋地学习，正如很多人在童年没读多少书，但后来却能与伟人为伍，被人们尊为成功者、强者，在古今其例繁多，举不胜举。这些成功都与他们不断地吸取社会知识的营养分不开的。

在生活实践里学到的东西远比课本里的东西丰富得多，主要看你是否真的对学习有强烈的欲望。如果没有，即使将你放在一流学府里，你学到的东西也是很肤浅的。

在实践中和现实生活里都有学之不尽的东西，我们只要有一个积极的态度，就能够在任何情况下，获得我们需要的知识和才能，更重要的是还应从生活里汲取知识的精华而补充自己的不足，从而走向人生的成

功。而这些是学校里无法学到的。

有两个人是高中的同学，高考的成绩也不相上下，同时考入了华北某大学。但就在收到录取通知书的同时，一个名叫阿春的同学的母亲突患急症而入院急救，经查诊为脑溢血，因抢救及时而无生命危险，但却从此成了植物人。这无疑给那个本不宽裕的家庭造成了重创，望着白发愁眉的老父和躺在特护间里的老母，阿春决定放弃学业，以帮老父维持这个家的生计。为了偿还给母亲治病欠的债，他决定去打工。

在建筑工地上，阿春起初是个苦力工。由于他有些文化底子，经理有意要阿春到后勤去搞搞预算什么的，但后勤是固定工资，收入稳定但不高，阿春就请经理给安排在一线赚钱多点的岗位。在工作期间，阿春边干边学，不耻下问，很勤快。对任何不懂的东西都向有关的师傅请教。在实践中虚心学习，使阿春在一年多的时间里掌握了几种主要建筑工程必备的技术。但这只是实际操作知识，阿春又利用那点有限的休息时间，购置了一些建筑设计、识图、间架结构等有关书籍资料，在蚊子叮、灯光暗的工棚里学习。

偶尔与那位上了大学的同学通信，大学生就在信里给阿春描述大学的生活如何的丰富多彩。信上说，大学里可以和同学处对象，进舞厅，同学们可以到校外去聚餐野游喝酒。阿春写信说自己打工的条件很苦，没有机会上大学了，劝他的同学要珍惜那里优越的学习机会和条件。这位同学回信说在大学里学习一点都不紧张，学得只要别太差，一样会拿到毕业证的。

第二年，阿春基本掌握了基建的各种操作技术和原理，渐渐由技术员提升为副经理。由于阿春的好学肯干精神以及扎实的功底，公司试着给阿春一些小项目让其去施工。由于措施得当和管理到位，阿春的每个项目都出色地完成了。在这期间，阿春仍没放弃学习，自修了哈佛管理学中的系列教程，还选学了一些和建筑有关的学科，准备参加自考，完善自我。

第三年，公司成立分公司，在竞选经理时，阿春以优秀的成绩竞选成功，阿春准备在这个行业中一展宏图、建功立业。

同年六月，那位上了大学的同学毕业了，由于平时学习不太刻苦，有几科考得很不理想，勉强拿到毕业证。因此在很多用人单位选聘时他都落选，只有一家小公司看中他，决定试用半年。由于刚毕业且在实习期，工资和待遇都不高，工作条件也不理想，这位同学很恼火。因为他学习成绩不佳，且在工作中态度不端正，双方均不满意，只好握手言别，这位大学生失业了。

此时的阿春已是拥有近千人的工程公司的经理，仍在远程教育网上进修和业务相关的课程。大学生找到阿春，说自己的想法是要给阿春做个助手："朋友嘛，总有个照顾。"

阿春说："来干可以，我这里同样也只问效益和贡献，没有朋友和照顾，要拿得出真才实学。到哪里都会得到承认，光靠朋友和照顾，那是对你以及我公司的失职，那永远是靠不住的。"

有人说：过去的时代是资本时代，由资本决定社会的发展；而现在则是知本时代，知识就是资本。知识经济时代，就需要我们改变观念，掌握真正的知识。有知识才能创造财富，走向成功。如果你学不到真正的知识，就等于失去了社会的生存竞争力。

实力的强弱并不能决定能力的高低和成功与否。学习中，资质平庸的人，只要用心专一，假以时日，必有所成。相反，天资聪颖的人如果心浮气躁，用心不专，只会辜负上天的厚爱，一事无成。

毛泽东曾说过："实践出真知。"知识并不是全都要一本正经地坐学堂抱书执笔才能学到的，在现实之中，每个社会环境里，只要你真潜心俯首求知，那你终将得到真实的知识，受益一生。

4. 在工作中学习

一个人如果受过了高等教育，是一种重要的标签与资历。但仅此一条是远远不够的，特定的知识仅仅只有几年的有效寿命，更多的知识是在工作当中边干边学。

（1）学校教育

学校教育是一个长达十几年的漫长过程。在这个过程中，个人教育的决定权很大程度上取决于我们的父母。

小学、中学教育是一种基础教育，目标仅仅是帮助我们摆脱文盲以及掌握一些基本的、通用的知识，培养学习能力与掌握学习方法也是一个重要的目的。

高等教育则是一种专业教育。人生的确有时很矛盾，居然要求个人在缺乏足够的资讯条件下，为自己做未来的基本定位，一个十几岁的人必须决定自己未来的职业领域，并花费重要的几年时间为自己茫然的定位决策学习各种东西。

高等教育除了学习特定的专业知识之外，更重要的是掌握特定的专业理论。现在所有的大学都将外语、电脑的知识与技能作为教育的重要内容，这是时代的进步。

如果在条件允许的情况下，你不能肯定自己未来的职业定位，就选择一个良好的大学；如果你已经肯定自己的职业定位，则选择特定的专业，至于什么学校则不重要。如果你发现自己选择错误，应尽快更改自己的学习内容，按照自己的兴趣设计自己的学习内容。

学校时期，你必须拥有一定的知识基础，这是你步入社会走向职场的关键。

（2）工作中学习

信息时代，特定的知识通常仅仅只有几年的有效寿命，即使是北大、清华的学生，毕业几年后也会面临知识更新的问题，这是一个基本的事实与常识。你在大学中学到的知识只占其终生所学知识的10％左右，其余的知识都是在以后的工作中边干边学的。

个人的职业生涯，一方面在不断地升迁，另一方面也会不断地变换工作环境。不通过学习掌握新的知识与技能，是不可能有所发展的。

工作中的学习有直接的针对性与目的性，大大缩小了学习的内容，增强了学习的明确性，学习起来更容易。

（3）职业教育

国内企业录取新人看文凭，"非研究生不要"的牌子常常挂在招聘会上。国外又是怎样呢？据报道，去年5月18日，北京职业教育国际周国别报告在长城饭店拉开帷幕。记者采访了欧洲职业教育与培训论坛主席汉斯·艾尔斯特博士。

艾尔斯特告诉记者，欧洲职业教育的理念和发展目标是"让学习更靠近学习者"，这一想法需要利用网络，以远程教育为基础，但又高于现在流行的远程教育。具体说来，就是教育机构和教师更多充当顾问的角色，给学生提供近期和远期目标，给他们的个人发展提建议。这里，学生不单指在校生，而且指社会上所有有求知欲望的人。

谈到荷兰的教育状况，艾尔斯特说："职业学校毕业的学生，都可以轻而易举地找到工作，成为中层管理人员，少数优秀人员还可以成为跨

国企业高层管理人员。"

"在荷兰，大学毕业生有时候找不到工作，要到职业学校学点技术才能找到工作。"他说。

在荷兰，学生初中毕业后有两种选择：去职业学校和普通学校，大体相当于中国的职业高中和普通高中。职业学校的专业覆盖面广，包括各项专业技术，大学里有的专业职业学校基本上都有，只是内容浅一些；另外，学生毕业后可以找工作，也可以和普通学校的学生一样报考大学，待遇相同。而普通学校是为了培养大学生，学生一旦考不上，很难求职。

现在，越来越多的优秀学生更喜欢上职业学校，因为这样会有更多的选择。

21世纪的教育将是开放式的教育。你生活的这个时代，每天都在产生着新的职业，同时一些旧职业也在逐渐消失。每一个人都需要不断地学习，才能适应工作的需要。如果说，在不久前，你还有可能掌握你的领域中前人所积累的全部知识的话，那么今后，你再也无法指望在年轻时能学到够下半辈子用的知识。有调查表明，化学知识不到6年就翻了一番，信息技术知识不到5年就增加了一倍。微软总裁比尔·盖茨曾对软件开发人员说："四到五年后，现在使用的每句程序指令都得淘汰。"知识的更新速度将越来越快，个人的知识如果不能随之而更新，很快就将远远落后于时代的发展。知识的迅速进步在促使个人更新知识的同时，还不断引发技术革新，技术革新又会使职业结构发生翻天覆地的变化，造成一些新的领域和专业人才需求。与此同时，某些传统领域和行业的人才需求将会减少，甚至被淘汰。这两方面的发展趋势将越来越明显，从而要求个人的知识结构、知识层次和知识面不断更新。

终身教育适应了这样一种职业观念：在作用上，职业不只是个人为

维持生活而必须选择的社会角色，而且是保持个人与时代发展同步的参照系；在内容上，职业不再只是完成影响企业运转的那部分任务，而且还包括为了将来也能胜任工作而接受的教育和培训；在形式上，职业不只是一个工作岗位，更是一所具有不断更新的培养目标的小型培训基地。

随着社会进步和经济发展，需要高水平知识和能力的职业的数量越来越多，社会对高等教育的需求也随之增长，而且专业不断更新，这些进程将使高等教育发展的速度远超过中等教育。加上信息和传播技术使接受高等教育的机会和教育模式更多，因此大学普及化的趋势已不可逆转。这种普及并不是让所有的人都从中等教育直接过渡到高等教育，并将高等教育作为教育的最后阶段，而是让所有人在一生的不同阶段接受某种形式的高等教育，实行全民终身教育。

（4）书籍

人生不可一日无书。书满足人类喜新厌旧的本性。你看世界几乎每时每刻都在推陈出新，令你挑花了眼。人生苦短，及时读书，否则将后悔莫及。

有人总结出人生不同阶段读书的作用与乐趣：

少年读书：摆脱文盲，奠定基础，认识自我。

青年读书：谋职安身，讲求时效，自我定位。

中年读书：滋润心灵，舒缓心理，提升品质。

老年读书：神游千古，神交友朋，智慧人生。

书实在是人生的需要，而非外在的强加。书是你我的良师益友，实应好好珍惜。

"万般皆下品，惟有读书高"的年代已经过去了，但是养成读书的好习惯则永远不会过时。

哈利·杜鲁门是美国历史上著名的总统。他没有读过大学，曾经营

农场，后来经营一间布店，经历过多次失败，当他最终担任政府职务时，已年过五旬。但他有一个好习惯，就是不断地阅读。多年的阅读，使杜鲁门的知识非常渊博。他一卷一卷地读了《大不列颠百科全书》以及所有查尔斯·狄更斯和维克多·雨果的小说。此外，他还读过威廉·莎士比亚的所有戏剧和十四行诗等。

杜鲁门的广泛阅读和由此得到的丰富知识，使他能带领美国顺利渡过第二次世界大战的结束时期，并使这个国家很快进入战后繁荣。他懂得读书是成为一流领导人的基础。读书还使他在面对各种有争议的、棘手的问题时，能迅速做出正确的决定。例如，在20世纪50年代他顶住压力把人们敬爱的战争英雄道格拉斯·麦克阿瑟将军解职。

他的信条是："不是所有的读书人都是一名领袖，然而每一位领袖必须是读书人。"

美国前总统克林顿说："在19世纪获得一小块土地，就是起家的本钱；而21世纪，人们最指望得到的赠品，再也不是土地，而是联邦政府的奖学金。因为他们知道，掌握知识就是掌握了一把开启未来大门的钥匙。"

如果你每天读15分钟，你就有可能在一个月之内读完一本书。一年你就至少读过12本书了，10年之后，你会读过总共120本书！想想看，每天只需要抽出15分钟时间，你就可以轻易地读完120本书，它可以帮助你在生活的各方面变得更加富有。如果你每天花双倍的时间，也就是半个小时的话，一年就能读25本书——10年就是250本！

5．一步一个脚印地向前走

成大事者从来不因为小事而懈怠，相反会把小事认认真真办好。他们会把做好小事看作是一种成大事的磨练。

勿因小事而不为。眼前的小事或许正是将来做成大事业的幼苗或基石，通常大的成功都是由做好小事积累而来的。

虽然，没有人能够知道未来的结果是什么样子。但是请记住，道家创始人老子说过的"千里之行，始于足下"。虽然以后想做的事，对于你来说是梦想般的事情，但是这一点一滴的积累会把梦想变为现实。

很多时候成功在常人眼中是力不能及的事情，其实成功就是你身边的那些"琐碎小事"。

如果认为成功就一定要干一些惊天地泣鬼神的事，那样的人肯定是不务实际的人。

许多具有"成功信息"的东西，就隐藏在随处可见的小事中。其实，帮助你成功的路径就摆在你面前，而你却一次次地漠视它，昂首阔步地从它面前走过。你总以为自己重任在身，总是习惯抬头远望，做一些自己达不到的事情，就像你在寻找着第十个饼。

反过来说，"成功信息"也会装扮成圣诞老人，来考验那些不做小事的人，看着你捡了芝麻，然后捧出西瓜。

你可以仰仗一些准则，比如勤勉、谦虚、刻苦、诚实、认真等来帮助自己从"量变到质变"中完成人生的一次次成功。

比如反反复复思考着一个问题，前前后后背诵着一个单词，你觉得你几乎筋疲力尽快要崩溃了，却还是不得其精髓。然而，第二天一早起来，你再度思考它们的时候，忽然有一种举重若轻的美妙感觉，你好像获得了新生。

如果你好高骛远，那就在做事上犯了一个大错误。你以为可以不经过程而直奔终点，不从卑俗而直达高雅，舍弃细小而直达广大，跳过近前而直达远方。

你心性高傲、目标远大固然不错，但目标好像靶子，必须在你的有效射程之内才有意义。如果目标太偏离实际，反而无益于你的进步。

同时有了目标，还要为目标付出努力，如果你只是空怀大志，而不愿为理想的实现付出辛勤劳动，那"理想"永远只能是空中楼阁，是一文不值的东西。

好高骛远者首要的失误在于不切实际，既脱离现实，又脱离自身，总是这也看不惯，那也看不惯。或者以为周围的一切都与他为难，或者不屑于周围的一切，终日牢骚满腹，认为这也不合理，那也有失公允。张三不行，李四也不怎么样，惟有自己出类拔萃。不能正视自身，没有自知之明，是好高骛远者的突出特征。

你该掂量自己有多大的本事，有多少能耐，不要沾沾自喜于过去某方面的那一点点成绩，要知道自己有什么缺陷，不要以己所长去比人所短。

不要心中惟有自己的高大形象，从不患不知人，惟患人之不己知。一天又一天，一年复一年，总是有一种怀才不遇、英雄无用武之地的感叹。

脱离了现实便只能生活在虚幻之中，脱离了自身便只能见到一个无限夸大的虚幻影子。

没有坚实的基础，只有空中楼阁、海市蜃楼；没有确实可行的方案和措施，只有空空洞洞的胡思乱想，这是形成好高骛远者人生悲剧的前奏。

其次，好高骛远者大都是懒汉，害怕吃苦、惧怕困难、情绪懒散，从精神到行动都游游荡荡、好逸恶劳、贪图享受，甚至打心眼里瞧不起那些吃苦耐劳者，认为那是愚蠢。也打心眼里瞧不起每天围绕在身边的那些小事，不屑于做它，这是形成好高骛远者人生悲剧的根本性原因。

好高骛远者在人际交往中也是极不受欢迎的一类人。对地位比他高的人，或者巴结奉承、奴颜婢膝；或者不屑交往，认为他们并没有什么了不起。而对地位比他低的人，则一律鄙视瞧不起。

如果他是个工人则瞧不起农民，开口闭口都是乡下人这样脏那样丑；如果他是个干部则瞧不起工人，这样没修养，那样没德行。结果地位比他高的人瞧不起他；地位比他低的人也同样瞧不起他，成为两头受鄙视，被抛弃的人，结果当然是悲惨的。

小事瞧不起不愿做，而大事本想做却做不来，或者轮不到他做，终于一事无成。眼看着别人硕果累累，他空有抱怨，空有妒忌。

"图难于其易，为大于其细。天下难事，必作于易，天下大事，必作于细。是以圣人终不为大，故能成其大。"要想渡过人生的危难，战胜人生中的种种挫折，完成天下的难事，就要在年轻的时候，着手去干。

6. 择善而从，虚心好学

《论语·述而》中有这样一句话："三人行，必有我师焉。择其善者而从之，其不善者而改之。"

这句话，表现出孔子自觉修养，虚心好学的精神。它包含了两个方面：一方面，择其善者而从之，见人之善就学，是虚心好学的精神；另一方面，其不善者而改之，见人之不善就引以为戒，反省自己，是自觉修养的精神。这样，无论同行相处的人善与不善，都可以为师。

《论语》中有一段记载，一次卫国公孙朝问子贡，孔子的学问是从哪里学的？子贡回答说，古代圣人讲的道，就留在人们中间，贤人认识了它的大处，不贤的人认识它的小处；他们身上都有古代圣人之道。"夫子焉不学，而亦何常师之有？"（《论语·子张》）他随时随地向一切人学习，谁都可以是他的老师，所以说"何常师之有"，没有固定的老师。

如孔子入太庙，"每事问"（《论语·八佾》）；宰予白天睡觉，孔子说："始我于人也，听其言而信其行；今我于人也，听其言而观其行。于予与改是。"（《论语·公冶长》）子贡对孔子说，子贡自己只能"闻一而知二"，颜回却可以"闻一而知十"。孔子说："弗如也。吾与汝弗如也。"

现在，处处强调"学习"，可是，什么是值得学习的，什么又是值得批

判的，鱼龙混杂，不再像以前，有一个统一的评价。所以，这是一个自由的时代，也是一个需要自己的慧眼辨别是非的时代，我们有时只是"强调三人行，必有我师"，强调只要有利益的就要学习，只要实用就学习。

三国时期"才高八斗"的曹植就是典型的一位。

曹植的诗、赋、散文，不仅语言华美，风格独特，而且感情真挚，见解深刻，其思想内容也高出同时代的人，对后代文学影响巨大。曹植才华横溢，是与他平时学习谦虚刻苦分不开的。他一直认为，哪怕才气再高，所做的诗文也不可能没有毛病。因此，他常常喜欢别人来挑他文章的毛病，哪怕是改正了他一个字，他也要尊之为"师"。他曾在《与杨德祖书》中说："世人之著述，不能无病。仆常好人讥弹其文……使仆润饰之，仆自以才不过若人，辟不为也。敬礼谓仆：'卿何所疑难？文之佳恶，吾自得之，后世谁相知吾文者邪？'吾常叹此达言，以为美谈。"

曹植谦虚，刻苦好学，不仅限于书本和文章，还突破书本和文友的局限，虚心向民间大众学习。他认为："街谈巷说，必有可采；击辕之歌，有应风雅；匹夫之思，未易轻弃也。"

建安十二年 (公元 207 年)，曹植随军北征三郡乌桓途中，到了北方滨海一带。异域风土和边民的贫苦生活，给他留下了深刻的印象。他拜师求学，深入贫民生活，提笔写下了《泰山梁甫行》，记录了"边海民"的凄惨生活，表露了他对百姓的关切和同情。曹植的诗、赋描写的是那样生动、具体，富有感情。

曹植的文学成就与他的谦虚好学，与他的善拜人为师是分不开的。人绝不该自高自大、自鸣得意和自以为是。因为知识是无穷尽的，没有任何一种力量能够永远战胜未来，而未来才是不骄不躁的裁判官。

不谦虚的人大多不能正确地对待自己，并且最容易走进自己重复自

己的怪圈。随着日子一天天地过去，以为自己走了很远的路，有一天突然醒来，发现自己还停留在当初的起跑线上。

梁启超是中国近代闻名退迹的学术巨人。1920 年以后他退出了政治舞台，专心致力于学术研究，在社会科学的众多领域里，都取得了令人瞩目的成果。但梁启超的朋友周善培直言不讳地批评他的文章。周善培说："中国长久睡梦的人心被你一支笔惊醒了，这不待我来恭维你。但是，写文章有两个境界：第一步你已经做到了，第二步是能留人。司马迁死了快 2000 年，至今《史记》里的许多文章还是百读不厌。你这几十年中，写了若干篇文章，你想想看，不说读百回不容易，就是使人能读两回三回的能有几篇文章？"梁启超听了这么刺耳的话，犹如挨了当头一棒。但他毫不生气，而且很虚心地向老朋友请教："你说文章怎样才能留人呢？"周善培很认真地回答说："文章要留人，必须要言外有无穷之意。使读者反复读了又读，才能得到它的无穷之意。读到九十九回，无穷的还没有穷，还丢不下，所以才不厌百回读。如果一篇文章把所有意思一口气说完了，自己的意思先穷了，谁还肯费力再去搜求，再去读第二回呢？文章开门见山不能动人，一开门就把所有的山全看完，里面没有丘壑，人自然一看之后就掉头而去，谁还入山去搜求丘壑呢？"梁启超觉得周善培的话分析透彻精当，很有见地，击中了自己文章的毛病和要害。所以他连声称谢，虚心接受。

从此，梁启超写文章更加精益求精，果然受益匪浅。

假如你常常得意忘形，不拜别人为师，不接受别人的批评，自己拍自己的肩膀，把它当做一桩了不起的事情，那你无异是在欺骗自己，就像那些被魔术欺骗了的观众一样。从此，你将走上失败的道路，因为你早已没有了自知之明，盲人骑瞎马乱闯，怎么会有成功的希望。

7. 学习是没有止境的

学无止境，成功需要终生学习，每一个想成功的人都应该认识到，学习将成为终生的需要。

过去一个人只要学会一技之长就可以终生享用，现在则不行了。今天还在应用的某项技术，明天可能就已经过时了。知识、技术更新换代的速度让人目不暇接，要使自己能够跟上时代发展的步伐，就必须不断地学习。

其实，中国古代哲人荀子早就说过："学不可以已。"人如果停止学习，就会退步。从人的自我发展和自我实现来说，一旦停止学习，也就到头了。

我们今天还谈不上到头不到头的问题。我们多数人还在如何适应生存，如何才能发展自己的问题上思考着学习的重要性。如果停止学习，你就要落伍，就要被时代淘汰，你的生存就会受到威胁，就谈不上发展，更谈不上自我实现。

1994年，杨澜从一个学生成为《正大综艺》的节目主持人，把一个有着良好家教和较高文化素养的青春少女的形象与富有女性细腻情感的职业女性的形象统一在一起，为我们创造了一种既高雅又本色，既轻松

又令人回味的主持风格。

在完成了《正大综艺》200 期制作之后，杨澜跨越太平洋去了美国，攻读哥伦比亚大学国际传媒硕士学位。

当时很多人都不理解，因为杨澜已经取得了成功，已经成为世界级的著名节目主持人，她完全可以在她的地位上享受她已经获得的荣誉。但是，越是有功底的人越能体会到功底和学识的重要，越能产生在功底和学识上进一步提升自己的渴望，所以杨澜离开了众人羡慕的主持人位置，去美国读书，又成了一名学生。

当杨澜再一次出现在媒体上时，她的形象发生了很大的变化。她的境界提升了，她在自己的人生道路上又上了一个台阶。

人的潜能是很大的，成功没有止境，学习也是没有止境的。不断地学习，你就会有不断的进步。

有些人浅尝辄止，满足于一时的成功。他们虽然值得庆贺，但不值得人敬佩。只有那些不断进取、不断超越自己的人才值得我们敬仰。

俗话说：活到老，学到老。对于我们现代人来说，更不能停止学习。一个人一旦停止了学习，他就会成为社会的落伍者，他将在快速发展的社会里找不到自己的位置。

斯托·卫尔原来想做一个营造工程师，并且一直在这方面学习专业知识，武装自己。但是，在美国经济大恐慌时期，他找不到他的就业市场，也就是说，他所学的专业知识没有用武之地，他无法实现原来的梦想。

他重新估量了自己的能力，决定改行学习法律。他又一次回到了学校，去学将来可以当法人律师的特别课程，不久，他学完了必修课程，通过了法庭考试，很快就执业营运了。

斯托·卫尔回学校上课的时候，已经年逾不惑，并且成家立业，更加令人感动的是，他不回避困难，而是仔细挑选了法律最强的多所院校去选修高度专业化的课程，一般法学系学生需要四年才能上完的课程，他只花了两年就读完了。

很多人会找借口说："我已经太老了，学不懂了。"或者说："我有一大家子人等着我去养活，哪有时间去学习？"这实际上是一种托辞而已。这是一种得过且过、苟且偷安、贪图享受、安于现状、不图进取的心理在作怪，是在给自己找一个体面的借口罢了。

其实，人生是一个本我、自我、超我的过程。你只有不断地学习，才能达到最高的人生境界。

8. 让自己变得不可替代

近几年来，"核心竞争力"一词已经成为职场人士经常谈论的热点概念，企业管理者强调企业要有自己的核心竞争力；企业员工也认为拥有核心竞争力才有生存的本钱。一时间，核心竞争力成为所有人关注的焦点。竞争力是成功的原因，核心竞争力则是持续成功的原因。

核心竞争力的增长是职业持续性发展的基础。随着年龄的增长和工作经验的积累，有的职场人士保持着良好的发展势态，有的却越来越落伍，竞争力越来越弱。技术层面上，长江后浪推前浪；管理能力上，又没能适时进行进修，因此，警惕职场核心竞争力危机，是职场人士需要适时反省的问题。

通常上班族们总是感觉自己的能力的增长速度在减慢甚至停止，往往是职业危机的一个首要信号，对于30岁以下的职业人来说，这就显得尤为严重。因为在35岁前，职业核心竞争能力必须靠自己主动拼搏才能获得。对于如何摆脱这个发生概率极高的问题，还是要通过职业规划来客观科学地解决，了解自己的长期发展目标，制定相应对策，就可以尽快走出这个职业冬天。

在我们生存的这个世界上，每个人都是独一无二的。人各有长，人各有短。我们也没有必要去要求自己和别人一样，如果大家所掌握的知识都是一样的，那么这个世界就会处于停滞状态。同时我们也没有必要要求自

己在所有领域都能精通，事实上，个人精力的有限也决定了这是不可能的。真正聪明的人，会根据自身的特点，挖掘自己身上具有而别人不具有或者很少人具有的能力。独一无二的人往往就是最成功的人，那些所谓的天才，就是把自己的某种独特性甚至是某种缺点发挥到极致的人。

其实在某种程度上说，寻找核心竞争力就是寻找差异，寻找自己身上与别人不同的地方，寻找自己身上的个性。美国MIT多媒体实验室主任尼葛洛庞蒂说："我们在招聘时，如果有人大学毕业时考试成绩全部是A，我对他不感兴趣；如果有人在大学考试中有很多A，但间有两个D，我们才感兴趣。因为往往在大学里表现得很好的学生，与我们一起工作时，表现得并不那么好。我们就是要找由于个性与众不同，在大学学习时并不是很用功的那些人。这些人往往很有创造性，对事物很警觉，反应非常机敏。人才更多的是一种心态，是指与传统思维完全不一样的那种人。真正的人才不是看他学了多少知识，而是看他能不能承担风险，不循规蹈矩地做事情。"

在激烈的职场竞争中，没有或缺乏知识，就如同失去了应战的本钱。一个人的知识储备越多，才能便愈丰富，核心竞争力也就越强。

小沈和小陆同时被一家软件公司录用为程序员。小沈毕业于一所名牌大学，学的是软件开发专业。她才华横溢，设计的程序简洁明了，而且很少会出现漏洞，一开始就赢得了老板的青睐。而小陆却是一所普通高校毕业的，甚至她的本科学历也是后考的。有人传言说，小陆之所以能够被录取，完全是因为上层主管当中有她的亲戚。

平常的工作量对小沈而言十分轻松，所以她花费了大量的时间在逛商场购物上，而小陆却只能起早贪黑，才能勉强完成工作任务。为此，小沈总是瞧不起小陆，她甚至说："和这样的傻瓜在一起工作，简直是我的耻辱。"

　　一年之后，老板给小陆涨了薪水，对此，小沈愤愤不平："只要高层有亲戚就可以加薪，完全不考虑工作能力，这样的公司有什么前途！"

　　这时，主管给小沈拿来了一份小陆的设计程序，小沈看后大吃一惊，小陆的程序和原来的相比竟然有了脱胎换骨的变化！简直可以用完美无缺来形容。

　　原来，在小沈自鸣得意于自己的才能的同时，小陆却在勤奋学习。而此时，小陆设计出来的程序已经比小沈的好得多了！

　　小陆通过自身的努力，提高了自己的业务水平，取得了绝对优势的核心竞争力，因此得到了加薪，而小沈却因自己的沾沾自喜而裹足不前。这就看出了一个人能否真正在职场站稳脚跟的关键因素——"核心竞争力"。核心竞争力是真正决定一个人能否取得成功的最关键的因素。尽管我们的社会和企业中还存在许多不规范的方面，但随着社会的进步和企业对管理的理解的深入和制度的逐渐规范，决定员工成功的因素越来越回归到个人的素质、工作能力等因素。无论是在什么样的公司，无论你从事何种类型的工作，能为企业和公司正确解决问题的人，能为企业和公司带来效益的人，一定会得到企业和公司的重用。

　　西班牙著名作家巴尔塔沙·葛拉西安在《智慧书》中写道："在生活和工作中要不断完善自己，使自己变得不可替代。让别人离了你就无法正常运转，这样你的地位就会大大提高。"

　　不同的人有不同的生存方式，不同的员工有不同的工作能力。重要的不是你具有哪种能力，重要的是你所具有的能力是否是你的老板和你的企业所不可缺少的。

　　打造一种核心竞争力，不管是一种情感也好，一种精神也好，或者一种品质、一种能力也好，都可以成为你的核心竞争力。拥有了核心竞争力，你才能在竞争激烈的职场中立于不败之地，远离危机。

9.　不断"充电"，做一位不败将军

如今社会经济的发展是日新月异，各种工作所需的知识层次也日益升高。如果你知识底子薄，不愿意付出艰苦再去深造，而且还墨守陈规，等待你的就只能是落伍。

进一步再学习，已成为当今职场的一种时尚。在做到真正地认识自我的基础上，结合自身的薄弱环节而不断充实自己、提高能力，即是我们常说的生活中要不断"充电"。只有做到这样，才会持续保持前进的速度、动力。

晋平公在70岁的时候依然希望多读点书，多长点知识，总觉得自己掌握的知识太有限了。但是同时，他也觉得，自己都这么大的岁数了，还要去学习，困难是不是太大了。后来他就去询问一位贤达的臣子。这位臣子说："我听说，人在少年时代好学，就如同获得了早晨温暖的阳光一样，那太阳越照越亮，时间也久长。人在壮年的时候好学，就好比获得了中午明亮的太阳一样，虽然中午的太阳已经走了一半，可它的力量最强大，时间也还有许多。人到老年的时候好学，虽然已经迟暮了，早已没有了阳光，但是还有蜡烛啊，蜡烛的光亮虽然不如阳光，可是只要获得烛光，虽然有限，却总比在黑暗中摸索要好很多吧！"晋平公听了，恍然大悟，终于信心十足地去读书了。可见，学习是终生的，应该永不

止息地去学习。

首钢一个工人，他只上了小学四年级。当首钢公司引进了一台台计算机时，他才猛然清醒过来，如果再这么迷糊下去，连工人也当不成了。从此他好像变了个人似的，业余学校考试前，他天天只睡两三个小时，当然平均每天还得掉几两肉，他在党政干部基础理论班的入学考试中考了第一。在以后的几年里，他又学文科，又学理科，公司里的所有考试他都参加，别人说他都快学"疯"了。

某钢厂技术供应处50多岁的老处长也自愿报名上了计算机学习班，他说："我是被迫而学的。"这个被迫当然是为大势所迫。他管辖的供应处下设11个供应站、近百个仓库，每天需要处理近万张单据，再不学计算机行吗？老处长最苦恼的是，年纪大，脑子笨，上课听不懂，也不敢提问，要是别人都听懂了，自己一个劲问，岂不是耽搁了大家的学习时间吗？所以只有下课多问、多学，再累也不能落下课，迟到、落下课程就要被时代刷下了。

在经济特区，人们对时代紧迫的感受更加强烈。在深圳开辟为经济特区之后，由于发展建设快速，劳动力不足，从农村招了大批青年工人，离深圳市区14公里的沙河工业区3年就办起20多个电子企业，那些农村青年从拿锄头到拿电烙铁焊收录机零件，深觉从前的初、高中文化实难胜任工作，从而感到对知识的饥渴。他们生产的多是出口产品，国外机型变化快，所以这里不可能长时间做同一种机型。有些青年下班后，骑车到14公里外的深圳电子大学去上课，电子厂阅览室每晚都坐满了来学习的青工。还有的工人干脆要求停薪3个月，去广州科技培训中心学习。

每逢业校报名，工作人员都要忙得半点休息时间都没有，早上8点开始报名，可学生们6点钟就守在门外了。如果碰上下雨，他们宁可打着伞、穿雨衣淋上几个小时。下午两点才办理手续，可他们吃罢中午饭就来缠住你了。到了中午12时或下午5时，根本无法正常下班，还得继续接待一批又一批的报名者。有的单位很重视学习，干脆由工会主席带着各种证件来办集体报名手续。可名额实在有限，这就要靠工作人员的

那一张嘴去应付了。但青年们的学习热情很令人感动，使人不忍拒绝。

"老师，让我报名吧，我的英语实在应付不了我的工作啊！""老师，我做梦都想当一名合格的电工，给我一个学习的机会吧！"假如我们是老师，我们怎么硬得起心肠把这一群求知欲那么旺盛的青年拒之门外呢？可限额已经超过了数倍，只好对他们说，学校没有那么多教材，可他们宁愿借教材去复印；对他们讲没有那么多座位，有人宁愿带上凳子，甚至站在门口听课。于是，班次一增再增，教室一挤再挤，多满足一个人的要求便减轻他们内心的一份歉疚。

这些事例都告诉我们，一个人要想在社会中增强自己的生存之本，发展实力，就要在知识与能力上永远富有竞争力，要在社会变革中，与时俱进，适应生存环境，取得人生成功，就要时刻具有终身坚持学习的信心。

越来越多的职场中人选择"充电"来提高自己的竞争力。为适应现代竞争激烈的社会潮流，无论"穷忙族"还是"富闲人"，都在积极为自身"充电"。据羊城晚报消息，近年来，广东已有上千名私企老板自费到中央党校学习，学政治，学管理，了解经济形势。去中央党校"充电"的人中，既有上财富榜的亿万富豪李兴浩；也有行业领军人物林欣、卢志基等；还有不少后起之秀。这些学员所掌控的企业四分之一属广东百强私营企业。

众多的人们二次进修，缘于"入世"后经济形势发生了变化。不管是老板还是员工，人们都深刻认识到要与时俱进，必须认清形势，提高自身素质。有的私企老板去党校还学上了瘾，如志高空调的李兴浩，据他所说，他头一次去党校学习是20世纪的90年代末，当时同去学习的人还凤毛麟角；可是最近他再次造访，发现那里的"学子"已经摩肩接踵。

"充电"是防止知识、能力"折旧"的最有效的办法。现在，人们不只是忙于专业技术培训和技能培训，而且已经开始盛行对口才、人际沟通、心理状态等体现综合素质的"软充电"。

赵莹莹研究生毕业后，被聘入一家规模较大的贸易公司，经过两年多的拼搏就做上了项目部助理。她一向积极的工作态度和良好的工作业绩，赢得了领导的信任，一年后又被提升为总经理助理。在提升后，她感到工作压力明显增大，按理说她研究生学历已经不低，可是真正工作起来有时还真有些感到力不从心。所以她一直不忘学习，积极总结工作经验，积极进取，不断地提高自己的综合素质，工作内容也开始扩大范围，从项目管理拓展到了管理财务、人力资源管理、市场开发等方面。她清楚，越高的职位必然提出更高的要求，只有不断提高综合素质，才有可能获得晋升。所以在工作中她非常注意积累经验，并利用业余时间系统学习了人力资源相关课程。后来，果然功夫不负有心人，公司的人事主管退休离职，赵莹莹不费吹灰之力就补上了这个"缺"。3年之后，她顺利晋升为人力资源总监。

现今社会的人们，面对这种近于残酷的就业竞争压力，大部分职场中人早已经意识到了参加培训、给自己不断充电的重要性。曾在一家IT公司上班的周全，大学刚毕业就来到现在这家公司工作，现在已经工作四年了，可是作为老员工的他，在这次公司进行人才调整中不但没能被提拔，反而被冷落在一边无人问津了。虽然他的技术并没有过时，但是，他失败的致命原因就是他的技术过于单一。这一点周全自己也意识到了，他也明白，自己的确是应该去"充电"了，自己的技术需要更加完善才行，只有这样才能很快适应公司的调整。本来IT行业的知识更新就非常快，如果自己追不上，一定会被淘汰的。

当今时代是信息爆炸的时代，知识的保鲜期越来越短，文凭的时效性也越来越短，面对不断变换的市场，对于每个人的知识要求也变得越来越苛刻。要想适应当今社会的生存法则，要想自己关键时刻不掉链子，就要学会积极"充电"，不断"充电"，这样才能提高在职场中的竞争力，才能在竞争中成为一位不败将军。